La energía nuclear en 10 pasos :

Dr. Alexandre Moreau

2

Table des matières

Capítulo 1: Introducción a la energía nuclear 7
   ¿Qué es la energía nuclear? 7
   Historia del descubrimiento de la radiactividad y de la energía nuclear 7
   Los principios fundamentales de la física nuclear 9

Capítulo 2: Funcionamiento de un reactor nuclear 11
   Tipos de reactores nucleares 11
   Los componentes de un reactor nuclear 14
   El proceso de fisión nuclear 16
   Esquema detallado de un reactor en funcionamiento 18

Capítulo 3: De la fisión a la electricidad 21
   Convertir la energía térmica en energía eléctrica 21
   Generadores de vapor y turbinas 22
   El circuito secundario y la refrigeración 24
   Eficiencia energética de las centrales nucleares 26

Capítulo 5: Aplicaciones militares de la energía nuclear 29
   El desarrollo de las armas nucleares 29
   Principio de la bomba atómica 30
   Diferencia entre uso civil y militar 32
   Proliferación nuclear y tratados internacionales 34

Capítulo 6: Seguridad de las centrales nucleares 37
   Los principales riesgos 37
   Casos prácticos: Chernóbil, Fukushima, Three Mile Island 40
   Regulación y control internacional 41

Capítulo 7: Gestión de residuos nucleares: un reto para el futuro 44
   Tipos de residuos 44
   Retos y soluciones 44
   Retos y perspectivas 45

Capítulo 8: El impacto medioambiental de la energía nuclear 46
   Comparación de las emisiones de CO_2 con otras fuentes de energía 46
   Gestión de residuos radiactivos a largo plazo 47
   Efectos sobre la flora y la fauna 47
   La huella ecológica de las centrales nucleares 48

Capítulo 9: Comparación con otras fuentes de energía 50
   Combustibles fósiles: carbón, gas, petróleo 50
   Energías renovables: solar, eólica, hidráulica, geotérmica 51
   Ventajas e inconvenientes de cada fuente de energía 52

Perspectivas de una combinación energética sostenible 54

Capítulo 10: El futuro de la energía nuclear 57

Reactores de nueva generación 57

Fusión nuclear: principios y retos 58

Innovaciones tecnológicas e investigación actual 59

El papel potencial de la energía nuclear en la transición energética mundial 61

Capítulo 11: Debates y perspectivas éticas 64

Aceptabilidad social y percepción pública de la energía nuclear 64

Los dilemas éticos del uso de la energía nuclear 65

El papel de la política y la regulación 66

Perspectivas de una energía nuclear ética y responsable 66

Conclusiones: 68

Introducción :

En un mundo que se enfrenta a complejos retos energéticos, la energía nuclear ocupa un lugar crucial en el panorama energético mundial. Con su promesa de generación fiable de electricidad, reducción de las emisiones de gases de efecto invernadero y diversificación de las fuentes de energía, la energía nuclear suscita tanto esperanzas como controversias. Este libro se propone desmitificar esta compleja tecnología y explorar sus múltiples facetas, desde sus principios científicos hasta sus implicaciones éticas.

Objetivos del libro

El objetivo de este libro es ofrecer una mejor comprensión de la energía nuclear, abarcando una amplia gama de temas que van desde su funcionamiento técnico hasta sus implicaciones sociales, medioambientales y éticas. A través de una exploración detallada, pretendemos:

1. **Desmitificar la tecnología nuclear**: Cubrimos los principios fundamentales de la física nuclear y explicamos cómo funcionan los reactores nucleares, proporcionando a los lectores una base sólida para comprender esta compleja tecnología.

2. **Iluminar las cuestiones contemporáneas**: Examinamos los retos y oportunidades asociados a la energía nuclear en el contexto de los debates actuales sobre el cambio climático, la seguridad energética y el desarrollo sostenible.

3. **Analizar las perspectivas éticas y sociales**: Exploramos los dilemas éticos que rodean el uso de la energía nuclear, destacando cuestiones de seguridad, protección, justicia social y responsabilidad medioambiental.

4. **Educar e informar**: Nuestro objetivo es proporcionar a los lectores los conocimientos y las herramientas que necesitan para participar de forma informada y crítica en el debate sobre la energía nuclear, fomentando así una toma de decisiones informada y democrática.

La importancia de la energía nuclear

En un contexto de creciente presión sobre los recursos energéticos, la energía nuclear representa un recurso valioso y potencialmente transformador. Ofrece una fuente de electricidad continua y baja en carbono, desempeñando un papel crucial en la transición hacia una economía baja en carbono. Además, su potencial de innovación sigue abriendo nuevas perspectivas, sobre todo con el desarrollo de reactores de nueva generación y la investigación de la fusión nuclear.

Por ello, un conocimiento profundo de la energía nuclear es esencial para los responsables políticos, los profesionales de la energía, los investigadores, los estudiantes y el público en general. Este libro pretende satisfacer esa necesidad proporcionando un recurso completo y accesible sobre este tema crucial que está configurando nuestro futuro energético y medioambiental.

Capítulo 1: Introducción a la energía nuclear

La energía nuclear es una de las fuentes de energía más poderosas y controvertidas de nuestro tiempo. Para comprender sus implicaciones, es esencial familiarizarse con sus fundamentos, su historia y sus principios básicos. Este capítulo tiene por objeto proporcionar una introducción clara y detallada a la energía nuclear.

¿Qué es la energía nuclear?

La energía nuclear proviene de las fuerzas que mantienen unidas a las partículas en el núcleo de un átomo. Hay dos tipos principales de reacciones nucleares que pueden liberar esta energía: la fisión y la fusión.

- **Fisión nuclear** : Es el proceso por el cual el núcleo de un átomo pesado, tal como el uranio-235 o el plutonio-239, se divide en dos núcleos más pequeños. Esta división libera una gran cantidad de energía en forma de calor, así como neutrones adicionales. Estos neutrones pueden provocar la fisión de otros núcleos, lo que provoca una reacción en cadena.
- **Fusión nuclear** : Es el proceso por el cual dos núcleos ligeros, como los del hidrógeno, se combinan para formar un núcleo más pesado. Este proceso libera una enorme cantidad de energía, mucho más importante que la fisión. La fusión es el proceso que alimenta a las estrellas, incluyendo nuestro Sol.

La energía liberada por estas reacciones puede convertirse en calor y luego en electricidad, lo que la convierte en una fuente valiosa para la producción de energía a gran escala.

Historia del descubrimiento de la radiactividad y de la energía nuclear

La comprensión de la energía nuclear ha evolucionado a través de varios descubrimientos clave en los últimos dos siglos:

1. **Descubrimiento de radiactividad:**
    - **Henri Becquerel** (1896): El descubrimiento de la radiactividad comienza con Henri Becquerel, quien observa que las sales de uranio emiten espontáneamente radiaciones capaces de ennegrecer una placa fotográfica sin exposición previa a la luz.
    - **Marie y Pierre Curie** (1898): Continuando los trabajos de Becquerel, los Curie descubren dos nuevos elementos radiactivos, el polonio y el radio. Su trabajo demuestra que la radiactividad es una propiedad atómica, no química.
2. **Comprensión de la estructura del átomo:**
    - **Ernest Rutherford** (1911): Rutherford propuso el modelo nuclear del átomo después de una serie de experimentos de difusión de partículas alfa. El

experimento de la hoja de oro, realizado por Rutherford y sus colegas, reveló que la mayoría de las partículas alfa pasan a través de la hoja de oro sin desviarse de su trayectoria, pero un pequeño número se desvían en ángulos importantes. Este resultado llevó a Rutherford a concluir que el átomo está compuesto principalmente de vacío, con una pequeña región central densa, llamada el núcleo, donde se concentra casi toda la masa del átomo. Este descubrimiento revolucionó nuestra comprensión de la estructura de la materia y sentó las bases del modelo atómico moderno.
    - **Niels Bohr** (1913): Bohr mejoró el modelo atómico de Rutherford introduciendo la idea de que los electrones orbitan alrededor del núcleo a niveles específicos de energía. En contraste con el modelo planetario propuesto por Rutherford, en el que los electrones orbitan alrededor del núcleo de forma aleatoria, Bohr postuló que los electrones solo pueden ocupar órbitas cuantificadas, o niveles de energía, determinados por sus cantidades de movimiento. Este modelo, conocido como el modelo de átomo de Bohr, ha permitido explicar con éxito la estabilidad de los átomos y los espectros de emisión de los elementos químicos.
3. **Descubrimiento de la fisión nuclear:**
    - **Otto Hahn y Fritz Strassmann** (1938): Mientras bombardean uranio con neutrones, Hahn y Strassmann hacen un descubrimiento asombroso: el uranio se divide en elementos más ligeros. Imagine la emoción y el asombro en el laboratorio al ver estos resultados inesperados. Pero a pesar de este avance, el significado de su descubrimiento sigue siendo un misterio.
    - **Lise Meitner y Otto Frisch** (1939): Aquí es donde el genio de Lise Meitner y Otto Frisch entra en juego. Toman los resultados de Hahn y Strassmann y los analizan con una perspicacia sin igual. En un momento de iluminación científica, comprenden la verdadera naturaleza del fenómeno: la fisión nuclear. Imagina el resplandor de la luz cuando su mente brillante rompe el velo del enigma, revelando los secretos del átomo.

Este descubrimiento, crucial y revolucionario, abre el camino a una nueva era en la ciencia nuclear. La fisión nuclear se está convirtiendo rápidamente en la piedra angular del desarrollo de los reactores nucleares, con la promesa de una energía abundante y potencialmente infinita. Pero con este nuevo poder viene también una inmensa responsabilidad, porque las implicaciones de la fisión nuclear se extienden mucho más allá de los laboratorios científicos, hasta las arenas políticas y militares.

Así es como el descubrimiento de la fisión nuclear, guiado por la curiosidad, la perseverancia y el ingenio, no solo ha transformado nuestra comprensión del átomo, sino que también ha cambiado el curso de la historia, dando forma al mundo en el que vivimos hoy.

4. **Primera reacción en cadena controlada:**
    - **Enrico Fermi** (1942): Fermi, con su equipo de científicos dedicados, se lanza a un desafío audaz: desencadenar y controlar una reacción en cadena nuclear. Imagine la atmósfera eléctrica en el laboratorio mientras las mentes más brillantes del mundo se reúnen para enfrentar este desafío sin precedentes.

        Y entonces, este momento trascendente: la reacción en cadena ocurre. Imagínense la emoción que recorre la espalda de cada científico presente cuando se libera y controla por primera vez en la historia la energía nuclear. Es un logro que socava los cimientos de la ciencia y abre el camino a una nueva era en la historia humana.

Esta hazaña de Fermi marca el comienzo del uso práctico de la energía nuclear. Las implicaciones de este logro son amplias y profundas. Abre la vía para el desarrollo de las primeras centrales nucleares, ofreciendo así una nueva fuente de energía limpia y potente para responder a las crecientes necesidades de nuestra sociedad moderna.

Pero con este poder viene también una gran responsabilidad. El control de la energía nuclear plantea retos únicos en términos de seguridad, protección y impacto ambiental. Es un recordatorio conmovedor de que el poder del átomo, aunque formidable, debe ser usado con sabiduría y precaución.

Así, la primera reacción en cadena controlada, realizada por Enrico Fermi y su equipo visionario, es mucho más que una simple hazaña científica. Es un hito en la historia de la humanidad, que simboliza tanto el potencial como los desafíos de la era nuclear en la que vivimos.

Los principios fundamentales de la física nuclear

Sumérjase en los fascinantes misterios de la física nuclear, un mundo donde la materia se transforma y la energía se libera a escalas microscópicas. Para comprender plenamente el funcionamiento de la energía nuclear, primero debemos familiarizarnos con algunos conceptos básicos:

1. **Estructura del átomo:**
   - **Núcleo atómico:** Imagina el átomo como un sistema solar en miniatura, con un núcleo compacto en su centro y electrones girando alrededor. El núcleo, compuesto de protones con carga positiva y neutrones neutros, contiene casi toda la masa del átomo. Los electrones, por su parte, gravitan alrededor del núcleo a niveles de energía específicos.
   - **Isótopos:** Pero no todos los átomos son creados iguales. Algunos elementos químicos existen en diferentes formas llamadas isótopos. Estos isótopos tienen el mismo número de protones, pero un número diferente de neutrones, lo que les confiere propiedades únicas. Por ejemplo, el uranio-235 y el uranio-238 son dos isótopos del uranio.
2. **Radiactividad:**
   - **Desintegración radiactiva** : Algunos núcleos atómicos son inestables y se desintegran espontáneamente al emitir radiación. Hay tres tipos principales de radiación:
     - **Alfa (α)** : Partículas compuestas por dos protones y dos neutrones. Tienen una baja penetración pero son muy ionizantes. Para protegerse de ellos, basta con una simple hoja de papel.

- **Beta (β)** : Electrones o positrones. Tienen una penetración moderada y son menos ionizantes que las partículas alfa. Para protegerse de ellos, una simple hoja de aluminio (de unos pocos milímetros) es suficiente.
- **Gamma (γ)** : Ondas electromagnéticas de alta energía. Tienen una alta penetración y son las menos ionizantes. Para protegerse de ellos, el blindaje debe ser muy epas. Por ejemplo, para reducir la radiación en solo un 30%, es necesario tener un mínimo de 4 cm de plomo, 30 cm de hormigón o 54 cm de tierra.

3. **Reacciones nucleares:**
   - **Fisión:** La fisión ocurre cuando los núcleos pesados se rompen en fragmentos más pequeños, liberando energía y neutrones. Cuando un núcleo pesado, como el uranio-235, absorbe un neutrón, se vuelve inestable y se divide en dos núcleos más ligeros, liberando energía y neutrones adicionales.
   - **Fusión** : A temperaturas extremadamente altas, dos núcleos ligeros pueden fusionarse para formar un núcleo más pesado, liberando una enorme cantidad de energía. Este proceso ocurre naturalmente en las estrellas.
4. **Reacciones en cadena:**
   - **Reacción en cadena de fisión:** Vamos a sumergirnos en el corazón de la reacción en cadena, un ballet sutil de neutrones y núcleos atómicos. En una reacción en cadena de fisión, los neutrones producidos por la fisión de un núcleo pueden provocar la fisión de otros núcleos, liberando más neutrones y energía. Esta cascada de acontecimientos debe ser cuidadosamente controlada en los reactores nucleares para evitar consecuencias cataclísmicas.

Conclusión

En este capítulo se ofrece una introducción detallada a la energía nuclear, con sus conceptos básicos, su historia y principios fundamentales. La energía nuclear se basa en procesos físicos bien entendidos y tiene una historia rica en descubrimientos científicos. En los capítulos siguientes, examinaremos en detalle el funcionamiento de los reactores nucleares, la generación de electricidad a partir de esa energía, así como las aplicaciones militares y las cuestiones ambientales y de seguridad relacionadas con la energía nuclear.

Capítulo 2: Funcionamiento de un reactor nuclear

Tipos de reactores nucleares

Los reactores nucleares existen en varias formas, cada una con sus características y aplicaciones específicas. A continuación se ofrece una descripción detallada de los principales tipos de reactores nucleares:

1. **Reactor de agua a presión (PWR)**

o **Principio de funcionamiento**: Imagínese dentro del corazón palpitante de un reactor nuclear, donde el calor y la energía se entrelazan en una danza espectacular. En un reactor de agua a presión, el agua es la protagonista, actuando a la vez como refrigerante y moderador. Bajo una intensa presión, el agua circula por el núcleo del reactor, absorbiendo con notable eficacia el calor emitido por la fisión nuclear. Esta agua calentada, pero aún no hirviendo, se dirige entonces a un generador de vapor, donde transfiere su calor a un circuito secundario de agua, desencadenando la producción de vapor que impulsará las turbinas generadoras de electricidad.

o **Características**: Los PWR son símbolos de fiabilidad y eficacia en el mundo de la energía nuclear. Su sofisticado diseño garantiza una estabilidad térmica excepcional, mientras que la ingeniosa separación de los circuitos primario y secundario minimiza el riesgo de contaminación radiactiva de la turbina. Estos reactores son la columna vertebral de muchas centrales nucleares de todo el mundo, proporcionando una fuente constante y fiable de electricidad a millones de hogares.

o **Ventajas**: La fuerza de los PWR reside en su estabilidad y seguridad inigualables. Gracias a la cuidadosa separación de los circuitos primario y secundario, estos reactores ofrecen una tranquilidad inestimable en materia de seguridad nuclear.

o **Desventajas** : Sin embargo, toda moneda tiene su lado negativo. Los PWR pueden ser caros y complejos de construir y mantener, ya que requieren conocimientos técnicos avanzados y una inversión financiera considerable. Pero a pesar de estos retos, las ventajas de los reactores de agua a presión siguen siendo innegables, ya que ofrecen una fuente de energía limpia y segura para nuestro futuro energético. A pesar de ello, la economía (precio por KW/H) de la energía producida por estos reactores sigue siendo una de las más baratas del mundo (en comparación con la eólica o la solar, por ejemplo).

2. **Reactor de agua en ebullición (BWR)**

o **Principio de funcionamiento** : En un reactor de agua en ebullición, el agua utilizada como refrigerante y moderador se deja hervir directamente en el núcleo del reactor transformando la energía nuclear en potente vapor. El vapor producido en el núcleo se envía directamente a la turbina para producir electricidad.

o **Características**: Los reactores de agua en ebullición se distinguen por su diseño elegante y eficiente. A diferencia de los reactores de agua a presión, más complejos, los BWR sólo tienen un circuito para el refrigerante y el vapor, lo que los hace mucho más sencillos de manejar. Esta aparente simplicidad esconde un ingenio tecnológico que permite a los BWR producir electricidad de forma eficaz y fiable.

o **Ventajas**: la simplicidad es la clave. Los reactores de agua en ebullición ofrecen un diseño más sencillo que sus homólogos de agua a presión, lo que puede traducirse en unos costes de construcción potencialmente más bajos. Esta eficiencia en el diseño los convierte en una opción atractiva para proyectos energéticos a gran escala.

o **Desventajas**: Pero toda innovación conlleva sus propios retos. Los reactores de agua en ebullición no están exentos de inconvenientes. Debido a su diseño, la turbina y otros equipos aguas abajo pueden estar expuestos a la radiactividad, lo que requiere medidas de seguridad adicionales para proteger a los trabajadores y el medio ambiente.

3. Reactores de neutrones rápidos (RNR)

o **Principio de funcionamiento**: A diferencia de los reactores térmicos tradicionales, los reactores de neutrones rápidos no ralentizan los neutrones. En su lugar, utilizan neutrones rápidos para fisionar núcleos atómicos. El refrigerante, como el sodio líquido o el helio, circula por el núcleo del reactor para eliminar el calor liberado por la reacción nuclear.

o **Características**: Los RNR son joyas de la tecnología nuclear, capaces de convertir el uranio-238, abundante en la naturaleza, en plutonio-239, un combustible nuclear altamente reactivo. Esta capacidad única aumenta significativamente la eficiencia del uso del combustible nuclear y reduce la dependencia de los escasos materiales fisibles.

o **Ventajas**: Imagine un mundo en el que cada gramo de combustible nuclear cuenta, en el que la eficiencia energética es máxima y los residuos nucleares mínimos. Este es el mundo de los reactores de neutrones rápidos. Su capacidad para utilizar eficazmente materiales no fisionables como el uranio-238 ofrece un enorme potencial para el uso sostenible de la energía nuclear. Además, al reducir la cantidad de residuos nucleares a largo plazo, los RNR ofrecen una perspectiva atractiva para un futuro energético más limpio y sostenible.

o **Desventajas**: Sin embargo, toda innovación tiene sus inconvenientes. Los reactores de neutrones rápidos son tecnológicamente complejos y su diseño, funcionamiento y mantenimiento requieren unos conocimientos técnicos considerables. Además, el uso de refrigerantes como el sodio puede plantear problemas de seguridad adicionales debido a su reactividad química.

5. Reactor de sales fundidas (MSR)

o **Principio de funcionamiento** : En un reactor de sales fundidas, el combustible nuclear se disuelve en una sal fundida, una sustancia asombrosa que actúa a la vez como refrigerante y transportador de combustible. Esta exótica mezcla fluye grácilmente por el núcleo del reactor, donde el intenso calor de la fisión se captura y se transfiere a un intercambiador de calor para producir vapor y generar electricidad.

o **Características**: Los MSR se distinguen por su capacidad para funcionar a altas temperaturas y bajas presiones, una notable combinación que ofrece una eficiencia térmica superior y seguridad intrínseca. A diferencia de los reactores tradicionales, los MSR no están limitados por la presión, lo que ofrece una mayor flexibilidad en su diseño y funcionamiento.

o **Ventajas**: Imagine un mundo en el que la energía se produce de forma limpia, segura y eficiente. Este es el mundo de los reactores de sales fundidas. Su alto rendimiento térmico los convierte en una opción atractiva para la generación de energía, mientras que su funcionamiento a baja presión ofrece una mayor seguridad y una tranquilidad inestimable. Además, su flexibilidad en el uso del combustible los hace extremadamente versátiles, allanando el camino para un uso más sostenible de los recursos nucleares.

o **Desventajas**: Sin embargo, todo avance tecnológico conlleva sus propios retos. Los reactores de sales fundidas se enfrentan a retos tecnológicos como la corrosión de los materiales en contacto con las sales fundidas y el diseño de sistemas de contención robustos para garantizar la seguridad y la gestión de los residuos radiactivos.

6. **Reactores CANDU (CANada Deuterium Uranium)**

o **Principio de funcionamiento** : Los reactores CANDU diseñados en Canadá se distinguen por el uso de agua pesada, también conocida como deuterio, como moderador y refrigerante. Esta audaz elección permite a los CANDU utilizar uranio natural como combustible, eliminando la necesidad de un costoso enriquecimiento. Este ingenioso enfoque allana el camino para un uso más sostenible de los recursos nucleares, ofreciendo un enorme potencial para satisfacer las necesidades energéticas del mundo.

o **Características**: Los reactores CANDU se distinguen por su diseño modular y su increíble flexibilidad. Capaces de utilizar varios tipos de combustible, incluido el torio, ofrecen una versatilidad sin parangón en el mundo de los reactores nucleares. Esta adaptabilidad les permite adaptarse a las necesidades cambiantes de la industria energética, ofreciendo una solución a medida para cada situación.

o **Ventajas**: En el exigente mundo de la energía nuclear, los reactores CANDU destacan por utilizar combustible no enriquecido, reduciendo los costes y riesgos asociados al enriquecimiento del uranio. Además, su diseño permite la recarga en línea, ofreciendo una flexibilidad inigualable en la gestión del combustible y garantizando un funcionamiento continuo y eficiente. Por último, su alta eficiencia térmica las convierte en una opción atractiva para la generación de electricidad, ofreciendo una solución energética sostenible para las generaciones venideras.

o Desventajas: Sin embargo, todo avance tecnológico conlleva sus inconvenientes. Los reactores CANDU no son una excepción. El elevado coste del agua pesada y la complejidad asociada a la gestión del refrigerante son retos que hay que superar. Sin embargo, estos obstáculos se ven superados con creces por las importantes ventajas que ofrece esta tecnología innovadora.

Los componentes de un reactor nuclear

Adentrémonos en las apasionantes entrañas de un reactor nuclear, donde cada componente desempeña un papel crucial en la delicada danza de la fisión nuclear. He aquí una mirada en profundidad a los elementos esenciales que hacen latir más deprisa el corazón de estos monstruos tecnológicos:

1. **Vasija del reactor**

o **Función**: Imagine una fortaleza de acero, imperturbable ante las tormentas de calor y presión. La vasija del reactor, fabricada con aceros especiales y aleaciones resistentes, alberga el núcleo del reactor y el preciado refrigerante, garantizando un refugio seguro para la reacción nuclear que tiene lugar en su interior.

o **Materiales**: Generalmente de acero inoxidable u otras aleaciones resistentes a la corrosión y a las radiaciones.

2. **Barras de combustible**

o Función: Sumergirse en la intimidad del núcleo del reactor, donde los secretos de la fisión nuclear se esconden en diminutas bolitas de uranio. Las barras de combustible, tubos metálicos que contienen estas gemas fisibles, son los artífices de la energía nuclear, liberando la energía atrapada en los núcleos atómicos.

o Composición: Las barras de combustible consisten generalmente en gránulos de dióxido de uranio (UO2) apilados en tubos metálicos denominados vainas.

3. **Moderador**

o **Función**: Imagine un maestro de ceremonias que orquesta la danza de los neutrones. El moderador, ya sea agua, agua pesada o grafito, ralentiza los neutrones impetuosos, dándoles tiempo para desencadenar nuevas reacciones y mantener la reacción en cadena bajo control. El agua, el agua pesada y el grafito son los moderadores más utilizados.

o **Papel en la seguridad**: Al ralentizar los neutrones, el moderador ayuda a mantener la reacción en cadena bajo control.

4. Barras de control

o **Función**: Como guardianes vigilantes, las barras de control regulan el flujo de neutrones, vigilando la potencia del reactor. Al insertarlas o extraerlas del núcleo, desempeñan un papel crucial en el mantenimiento de la reacción a niveles seguros y controlados.

o **Materiales**: A menudo están compuestas de boro, cadmio o plata, que son buenos absorbentes de neutrones.

5. Generador de vapor

o **Función**: Imagine un generador de calor, que transforma la energía nuclear en un chorro de vapor. El generador de vapor, una maravilla de la ingeniería, capta el calor del refrigerante primario y lo transmite a un circuito secundario, donde se convierte en la savia que impulsa las turbinas.

o **Diseño**: Esencial en las PWR, donde la separación de los circuitos garantiza el aislamiento de la radiactividad.

6. Sistema de refrigeración

o **Función**: Entra en el reino de los guardianes del frío, donde potentes bombas, majestuosas torres de refrigeración e ingeniosos intercambiadores de calor garantizan que el reactor se mantenga a una temperatura ideal, evitando sobrecalentamientos y catástrofes.

o **Importancia**: Evita el sobrecalentamiento y la fusión del núcleo.

7. Vasija de contención

o **Función**: Como centinelas protectores, los recipientes de contención rodean el reactor, listos para bloquear cualquier amenaza radiactiva. Construidas en hormigón armado y acero robusto, estas fortalezas de seguridad garantizan que cualquier fuga permanezca contenida, protegiendo el medio ambiente y la población circundante.

o **Construcción**: Generalmente en hormigón armado y acero, con sistemas de filtración de gases.

La fisión nuclear, aunque se basa en complejos procesos subatómicos, da lugar a una transformación masiva de energía, capaz de producir la electricidad necesaria para alimentar ciudades enteras. Comprender los entresijos de cada etapa -desde el inicio de la fisión hasta la gestión de la reacción en cadena y la producción de calor- es esencial para apreciar el ingenio que hay detrás de los reactores nucleares y su enorme potencial en el panorama energético mundial.

El proceso de fisión nuclear

La fisión nuclear, proceso central del funcionamiento de los reactores nucleares, es una sutil danza de partículas subatómicas orquestada para liberar una inmensa cantidad de energía. Veamos paso a paso este fascinante fenómeno:

1. **Iniciación de la fisión**

o **Neutrón térmico**: Todo comienza con un neutrón, pero no un neutrón cualquiera. Para provocar la fisión, este neutrón debe ser "térmico", es decir, lento. Los neutrones térmicos son más eficaces en la interacción con los núcleos de uranio-235, el combustible más utilizado en los reactores nucleares.

o **Formación de un núcleo inestable**: Cuando un neutrón térmico se encuentra con un núcleo de uranio-235, éste lo absorbe. Esta absorción transforma el uranio 235 en uranio 236. Sin embargo, el uranio 236 es inestable. Sin embargo, el uranio-236 es extremadamente inestable, ya que el núcleo resultante tiene una energía excesiva, por lo que está listo para dividirse.

2. **Desdoblamiento del núcleo**

o **Desdoblamiento del núcleo:** el uranio-236, demasiado inestable para existir durante mucho tiempo, se desdobla rápidamente en dos fragmentos más ligeros, denominados productos de fisión. Este proceso libera una enorme cantidad de energía en forma de calor. Los productos de fisión suelen ser elementos como el criptón y el bario, aunque puede haber una gran variedad de otras combinaciones.

o **Liberación de neutrones**: además de producir fragmentos de fisión, la división del núcleo libera varios neutrones rápidos (normalmente dos o tres). Estos neutrones recién liberados desempeñan un papel crucial en la perpetuación del proceso de fisión.

3. Reacción en cadena

o **Neutrones secundarios**: Los neutrones rápidos liberados durante la fisión pueden ralentizarse para convertirse en neutrones térmicos, listos para ser capturados por otros núcleos de uranio-235. Este proceso puede conducir a una fisión posterior. Este proceso puede dar lugar a más fisiones, creando una reacción en cadena. Esta reacción en cadena es esencial para mantener la producción continua de energía.

o **Control de la reacción**: Para evitar que la reacción se descontrole, se utilizan barras de control. Estas barras, a menudo fabricadas con materiales como el boro o el cadmio, absorben parte de los neutrones libres, reduciendo así el número de neutrones disponibles para provocar nuevas fisiones. Ajustando la posición de estas barras, los operadores pueden regular con precisión la velocidad de la reacción en cadena, manteniendo así la seguridad y la estabilidad del reactor.

4. Producción de calor

o **Energía liberada**: Cada acontecimiento de fisión libera unos 200 MeV (megaelectronvoltios) de energía. Para ponerlo en perspectiva, 1 MeV equivale a $1{,}60218 \times 10^{-13}$ julios, por lo que la fisión de un solo núcleo de uranio-235 libera una cantidad sustancial de energía, principalmente en forma de calor.

o **Transferencia de calor**: Este calor se transfiere al refrigerante, que puede ser agua, sodio líquido u otros materiales. Al circular por el núcleo del reactor, el refrigerante absorbe el calor producido por las sucesivas fisiones. Este calor se utiliza entonces para producir vapor en un generador de vapor, que acciona turbinas para generar electricidad.

La fisión nuclear, aunque se basa en complejos procesos subatómicos, da lugar a una transformación masiva de energía, capaz de producir la electricidad necesaria para abastecer a ciudades enteras. Comprender los entresijos de cada etapa -desde el inicio de la fisión hasta la gestión de la reacción en cadena y la producción de calor- es esencial para apreciar el ingenio que hay detrás de los reactores nucleares y su enorme potencial en el panorama energético mundial.

Esquema detallado de un reactor en funcionamiento

Para entender cómo interactúan los componentes de un reactor, veamos de cerca el funcionamiento de un reactor de agua a presión (PWR). Este tipo de reactor, muy extendido, utiliza agua a alta presión como refrigerante y moderador. He aquí una descripción detallada de su funcionamiento, acompañada de un esquema simplificado:

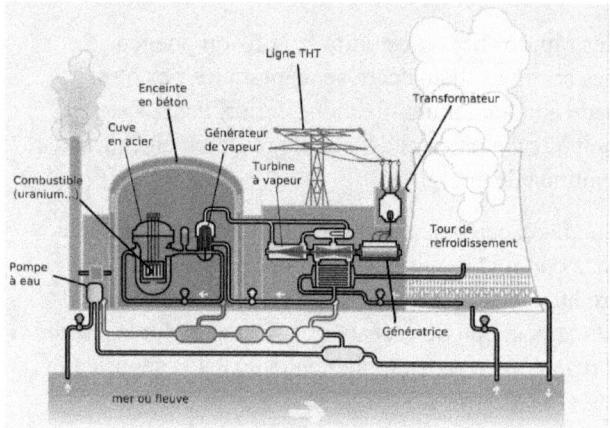

1. **Núcleo del reactor**

o **Disposición de las barras de combustible:** Las barras de combustible, que contienen el material fisionable (como el uranio-235), están dispuestas en conjuntos en la vasija del reactor. Estos conjuntos están dispuestos de tal manera que optimizan la reacción nuclear de fisión en cadena. La organización geométrica precisa maximiza la eficacia de la reacción al tiempo que garantiza una distribución uniforme del calor generado.

o **Moderador y refrigerante**: El agua a alta presión circula alrededor de las barras de combustible, desempeñando un doble papel crucial. Como moderador, ralentiza los neutrones rápidos, aumentando así la probabilidad de fisión de los núcleos de uranio-235. Como refrigerante, absorbe los neutrones rápidos. Como refrigerante, absorbe el calor generado por la fisión nuclear, transportándolo a los generadores de vapor.

2. **Generador de vapor**

o Transferencia de calor: El agua calentada en el circuito primario circula hacia los generadores de vapor. Éstos son intercambiadores de calor en los que el agua del circuito primario, siempre a alta presión para evitar la ebullición, transfiere su calor a un circuito secundario de agua. Este calor vaporiza el agua del circuito secundario, produciendo vapor para accionar las turbinas.

3. Circuito secundario

o **Producción de vapor** : El vapor producido en los generadores de vapor se dirige a las turbinas a través de tuberías. Este vapor se encuentra a alta presión y alta temperatura, por lo que es capaz de producir una energía mecánica considerable.

o **Transformación del calor en electricidad:** El vapor hace girar las turbinas, que están conectadas a generadores eléctricos. Al girar, las turbinas convierten la energía térmica del vapor en energía mecánica, que los generadores transforman en energía eléctrica. A continuación, esta electricidad se envía a la red para su distribución a los consumidores.

4. Sistema de refrigeración

o **Condensación del vapor**: Tras pasar por las turbinas, el vapor ha perdido parte de su energía y se condensa en agua en los condensadores. Los condensadores utilizan un circuito de agua fría para absorber el calor residual del vapor y transformarlo de nuevo en agua líquida.

o **Torre de refrigeración**: El agua caliente del condensador se enfría en torres de refrigeración. Estas torres utilizan la evaporación para disipar el calor en la atmósfera. El agua enfriada vuelve entonces al ciclo, completando el circuito de refrigeración y garantizando la eficacia continua del reactor.

5. Vasija de contención

o **Estructura de seguridad**: Para garantizar la seguridad, el núcleo del reactor y los circuitos primarios están encerrados en un robusto edificio de contención. Esta estructura, generalmente de hormigón armado, está diseñada para contener cualquier fuga de materiales radiactivos en caso de accidente. La contención es la última línea de defensa en la prevención de emisiones radiactivas al medio ambiente, garantizando la seguridad de las personas y del entorno.

Cada componente es crucial para garantizar el funcionamiento seguro y eficaz del reactor. Los reactores nucleares dependen de una serie de componentes esenciales, cada uno de los cuales desempeña un papel decisivo para garantizar el buen funcionamiento, gestionar el calor producido por la fisión y evitar las fugas de radiactividad. El control preciso de la reacción en cadena, la gestión del calor producido y la prevención de fugas de radiactividad son las piedras angulares del diseño y el funcionamiento de los reactores nucleares.

Conclusión

Este capítulo ha proporcionado una visión global de los tipos de reactores nucleares, los componentes esenciales de un reactor, el proceso de fisión nuclear y un diagrama detallado de cómo funciona un reactor en operación. Al comprender estos elementos, podemos apreciar la complejidad y sofisticación de los reactores nucleares modernos, así como las precauciones necesarias para su uso seguro y eficiente. En los capítulos siguientes, exploraremos cómo se convierte esta energía en electricidad, las aplicaciones militares de la energía nuclear y las consideraciones medioambientales y de seguridad.

Capítulo 3: De la fisión a la electricidad

La fisión nuclear produce una inmensa cantidad de calor, transformando el potencial atómico en una formidable fuente de energía térmica. Este capítulo explora cómo este calor se convierte en electricidad, un proceso que, aunque complejo, es notablemente eficiente y constituye el núcleo de la generación de energía nuclear. Profundizaremos en los detalles del funcionamiento de los generadores de vapor, las turbinas, el circuito secundario y el sistema de refrigeración, al tiempo que examinaremos la eficiencia energética de las centrales nucleares.

Convertir la energía térmica en energía eléctrica

El núcleo del proceso de generación de electricidad en una central nuclear reside en la conversión de la energía térmica producida por la fisión nuclear en energía eléctrica. He aquí las etapas clave de esta conversión:

1. **Producción de calor por fisión :**

o **Reacción de fisión:** Cuando los núcleos de uranio-235 o plutonio-239 se dividen, liberan una gran cantidad de calor. Este calor es absorbido principalmente por el refrigerante que circula por el núcleo del reactor.

o **Gestión del calor:** El calor generado debe ser transferido eficazmente fuera del reactor para evitar el sobrecalentamiento y ser utilizado en la producción de electricidad.

2. **Transferencia de calor al generador de vapor :**

o **Circuito primario**: El refrigerante, que puede ser agua a alta presión, sodio líquido u otro fluido, circula por el núcleo del reactor absorbiendo el calor de la fisión.

o **Intercambio de calor**: Este refrigerante caliente se dirige a continuación a un generador de vapor, donde transfiere su calor a un circuito secundario de agua, transformando esta agua en vapor.

2. **Producción de vapor :**

o **Generador de vapor**: El agua del circuito secundario, en contacto con el refrigerante caliente, se evapora para formar vapor a alta presión y alta temperatura.

o **Aislamiento de los circuitos**: En los reactores de agua a presión (PWR), los circuitos primario y secundario están separados para evitar cualquier contaminación radiactiva de la turbina.

3. **Transformación del vapor en energía mecánica :**

o **Turbinas**: El vapor a alta presión se dirige hacia las turbinas, donde hace girar los álabes de la turbina. Esta rotación mecánica es el primer paso hacia la producción de electricidad.

o **Generadores**: Las turbinas están conectadas a generadores eléctricos. Cuando las turbinas giran, accionan los generadores, convirtiendo la energía mecánica en energía eléctrica mediante la rotación de imanes en un campo magnético, produciendo así corriente eléctrica.

Generadores de vapor y turbinas

Los generadores de vapor y las turbinas desempeñan un papel crucial en la conversión de energía térmica en energía eléctrica. A continuación te explicamos en detalle cómo funcionan y su importancia:

1. **Generadores de vapor :**

o **Función**: Los generadores de vapor desempeñan un papel crucial en la conversión de energía térmica en energía mecánica. Su función principal es transferir calor del refrigerante primario al circuito secundario de agua, generando así vapor. En un reactor de agua a presión (PWR), el agua a alta presión, que ha absorbido el calor de la fisión nuclear, circula por los tubos del generador de vapor. Este calor se transfiere al agua del circuito secundario, que se transforma en vapor. Este vapor, a alta presión y alta temperatura, se dirige entonces hacia las turbinas para producir electricidad.

o **Construcción** :

La construcción de los generadores de vapor es una proeza de ingeniería:

> <u>Los tubos de calefacción</u>: Los generadores de vapor están formados por cientos o incluso miles de tubos finos de aleaciones especiales, capaces de soportar altas temperaturas y presiones. El refrigerante primario circula por el interior de estos tubos.
>
> <u>Carcasa exterior</u> : Los tubos están alojados en una gran carcasa cilíndrica por la que circula el agua del circuito secundario. Cuando esta agua entra en contacto con los tubos calentados por el refrigerante primario, se transforma en vapor.

Aislamiento y seguridad: La carcasa exterior está diseñada para aislar el refrigerante primario, evitando cualquier contaminación radiactiva del circuito secundario. Esto garantiza una separación segura y eficaz entre los dos circuitos.

o **Eficiencia**:

La eficiencia del generador de vapor es esencial para maximizar la producción de energía y minimizar la pérdida de calor:

Transferencia de calor optimizada: El diseño de los tubos y su disposición tienen como objetivo maximizar la superficie de contacto entre el refrigerante primario y el agua del circuito secundario. Cuanto mayor sea la superficie de contacto, más eficaz será la transferencia de calor.

Minimización de las pérdidas : Los generadores de vapor también están diseñados para minimizar las pérdidas de calor mediante el uso de materiales aislantes avanzados y la optimización del flujo de calor.

2. **Turbinas :**

o **Función**: Las turbinas son máquinas que convierten la energía térmica del vapor en energía mecánica. El vapor a alta presión producido por los generadores de vapor hace girar los álabes de la turbina, produciendo una rotación mecánica. Esta rotación se utiliza para accionar los generadores eléctricos.

o **Tipos de turbina**: En las centrales nucleares se utilizan varios tipos de turbina:

Turbinas de alta presión: El vapor a alta presión entra primero en las turbinas de alta presión, donde pierde parte de su energía térmica al girar los álabes de la turbina.

Turbinas de baja presión: Tras pasar por las turbinas de alta presión, el vapor se recalienta y se redirige a las turbinas de baja presión. De este modo se maximiza la extracción de energía del vapor, utilizando un enfoque multietapa para extraer la mayor cantidad de energía posible.

o **Materiales y diseño**:

Las turbinas deben construirse con materiales resistentes a condiciones extremas:

Materiales: las turbinas suelen fabricarse con aleaciones de alto rendimiento capaces de soportar altas temperaturas y la corrosión.

Diseño de los álabes: Los álabes de las turbinas se diseñan para maximizar la eficacia con la que la energía del vapor se convierte en rotación mecánica. Su forma y disposición se optimizan para minimizar las pérdidas de energía y maximizar el rendimiento.

Generadores eléctricos :

o **Función**: Los generadores eléctricos convierten la energía mecánica de las turbinas en energía eléctrica. Cuando las turbinas giran, accionan los rotores del generador. Estos rotores están equipados con imanes que, al girar, crean un campo magnético. Este campo magnético induce una corriente eléctrica en las bobinas de alambre enrolladas alrededor del estator, produciendo electricidad.

o **Rendimiento** :

Alto rendimiento: los generadores modernos pueden alcanzar un rendimiento de conversión de energía superior al 98%. Esto significa que casi toda la energía mecánica de las turbinas se convierte en energía eléctrica, con muy pocas pérdidas.

Tecnología avanzada: Los generadores utilizan tecnología avanzada para optimizar el flujo magnético y minimizar las pérdidas de energía, garantizando que la electricidad se produzca con la mayor eficiencia posible.

El circuito secundario y la refrigeración

El circuito secundario y el sistema de refrigeración son esenciales para convertir la energía térmica en electricidad y mantener la central nuclear a temperaturas seguras. Echemos un vistazo a su funcionamiento para entender cómo contribuyen a la eficiencia y seguridad de una central nuclear.

1. **Circuito secundario :**

o **Función**: La finalidad del circuito secundario es transportar el vapor producido en los generadores de vapor hasta las turbinas. Este circuito garantiza un ciclo continuo de producción de electricidad y gestión del calor:

Transporte de vapor: El vapor a alta presión generado por el refrigerante primario en los generadores de vapor se dirige a las turbinas. Este vapor hace girar las turbinas, produciendo energía mecánica que los generadores transforman en electricidad.

Condensación y recirculación: Tras pasar por las turbinas, el vapor agotado debe transformarse en agua líquida para su reutilización. Este proceso es esencial para completar el ciclo de producción de vapor.

o **Condensadores**: Los condensadores desempeñan un papel crucial en este ciclo:

Funcionamiento de los condensadores: Utilizan intercambiadores de calor para transformar el vapor en agua líquida. El agua de refrigeración, que puede proceder de torres de refrigeración o de fuentes naturales como ríos o lagos, circula por los condensadores y absorbe el calor del vapor.

Impacto medioambiental: El agua de refrigeración puede tener un impacto sobre el medio ambiente, en particular sobre los ecosistemas acuáticos, si se toma directamente de una fuente natural y se vierte a una temperatura más elevada.

o **Recirculación**: Una vez que el vapor se ha condensado en agua, se devuelve a los generadores de vapor para iniciar de nuevo el ciclo:

Bombeo del agua condensada: potentes bombas devuelven el agua condensada a los generadores de vapor. Este ciclo de recirculación garantiza la producción continua de vapor y electricidad.

2. **Sistema de refrigeración :**

o **Torres de refrigeración**: Las torres de refrigeración son estructuras emblemáticas de las centrales nucleares y desempeñan un papel crucial en la gestión del calor:

Disipación del calor: Disipan el exceso de calor del circuito secundario utilizando el aire ambiente. El agua caliente de los condensadores se bombea a las torres de refrigeración, donde es enfriada por el aire antes de volver a los condensadores.

Tipos de torres: Las torres de refrigeración pueden ser de diferentes tipos, incluyendo torres de tiro natural y torres de tiro forzado, que utilizan ventiladores para mejorar el flujo de aire.

o **Refrigeración directa**: Algunas centrales eléctricas utilizan sistemas de refrigeración directa para disipar el calor:

Uso de fuentes naturales: El agua de refrigeración se toma directamente de una fuente natural, como un lago o un río, y se devuelve tras su uso. Este sistema es sencillo y eficaz, pero puede tener un impacto ecológico, sobre todo al perturbar los hábitats acuáticos y aumentar la temperatura del agua receptora.

3. **Gestión del calor residual :**

o **Sistema de emergencia**: Incluso después de la parada de un reactor, queda calor residual que debe gestionarse para evitar cualquier riesgo de sobrecalentamiento:

> Refrigeración de emergencia: Los reactores están equipados con sistemas de refrigeración de emergencia que se encargan de disipar este calor residual. Estos sistemas son cruciales para la seguridad del reactor en caso de fallo del sistema principal.
>
> Prevención del sobrecalentamiento: Estos sistemas garantizan que el reactor se mantenga a una temperatura segura, incluso en caso de emergencia o de parada prolongada.

o **Eficiencia térmica**: La gestión eficaz del calor es esencial para el funcionamiento óptimo de la central:

> Maximización de la eficiencia: La gestión eficaz del calor residual y de la refrigeración maximiza la eficiencia energética de la central. Cuanto más eficientemente se utilice y disipe el calor, más eficientemente se producirá la electricidad.
>
> Seguridad: Una gestión rigurosa del calor también es crucial para la seguridad general de la planta, ya que evita cualquier riesgo de sobrecalentamiento y garantiza un funcionamiento continuo sin interrupciones.

Eficiencia energética de las centrales nucleares

La eficiencia energética de las centrales nucleares es un indicador clave de su rendimiento y eficacia generales. Analicemos en profundidad la eficiencia energética para entender cómo estas centrales convierten la energía producida por la fisión nuclear en electricidad de la forma más eficiente posible:

1. **Definición de eficiencia :**

o **Eficiencia térmica**: La eficiencia térmica es la relación entre la energía eléctrica producida y la energía térmica generada inicialmente por la fisión nuclear. Normalmente, esta eficiencia se sitúa entre el 33% y el 37%. Esto significa que de 100 unidades de energía térmica producidas por fisión, aproximadamente 33 a 37 unidades se convierten en electricidad utilizable. El resto de la energía suele disiparse en forma de calor residual, que se elimina principalmente mediante el sistema de refrigeración.

3. **Factores que influyen en la eficacia :**

Varios factores determinan la eficiencia con la que una central nuclear convierte el calor en electricidad:

Eficacia de la transferencia de calor: El diseño de los generadores de vapor y la calidad de los materiales utilizados influyen mucho en la capacidad de transferir calor de forma óptima.

Rendimiento de la turbina y el generador: Las turbinas deben convertir eficazmente la energía del vapor en energía mecánica, y los generadores deben convertir esta energía mecánica en electricidad con pérdidas mínimas.

Gestión de la refrigeración: Una gestión eficaz del calor residual y un buen sistema de refrigeración son esenciales para mantener una temperatura óptima y evitar pérdidas excesivas de energía.

4. Comparación con otras fuentes de energía :

o **Centrales eléctricas de combustibles fósiles**: Las centrales eléctricas de carbón y gas natural tienen rendimientos térmicos similares a los de las centrales nucleares, a menudo entre el 35% y el 45%. Sin embargo, estas centrales emiten grandes cantidades de gases de efecto invernadero, lo que las hace menos atractivas desde el punto de vista medioambiental que las centrales nucleares, que producen muy poco CO_2.

o **Centrales hidroeléctricas**: Las centrales hidroeléctricas se encuentran entre las más eficientes, con rendimientos que oscilan entre el 70% y el 90%. Convierten la energía mecánica del agua directamente en electricidad, lo que minimiza las pérdidas de energía. Sin embargo, su dependencia de la disponibilidad de recursos hídricos limita su capacidad y su despliegue geográfico.

o **Energías renovables**: Los aerogeneradores y los paneles solares tienen rendimientos que varían según las condiciones ambientales. Los aerogeneradores, por ejemplo, tienen un rendimiento global de alrededor del 35%, pero este valor puede fluctuar en función de la velocidad del viento. Los paneles solares, por su parte, tienen rendimientos que oscilan generalmente entre el 15% y el 20%, y su eficiencia depende de la cantidad de sol. La intermitencia en la producción (ausencia de viento o de sol) también afecta a su rendimiento energético global.

5. Mejora de la eficiencia :

o **Tecnología avanzada:** los reactores de Generación III+ y IV representan avances significativos en la eficiencia térmica y la reducción de las pérdidas de energía:

Ciclos Brayton de CO_2 supercrítico: Estos ciclos termodinámicos utilizan dióxido de carbono en estado supercrítico para mejorar la eficiencia de la conversión de calor en electricidad.

Materiales avanzados: El uso de materiales capaces de soportar temperaturas más elevadas permite aumentar la temperatura de funcionamiento de los reactores, mejorando así la eficiencia térmica.

o **Cogeneración**: La cogeneración es una estrategia para aumentar la eficiencia energética global de una central nuclear. Consiste en utilizar el calor residual, que normalmente se pierde, para aplicaciones industriales o de calefacción urbana. Al utilizar este calor para procesos industriales o para calentar edificios, la central puede alcanzar una eficiencia energética global mucho mayor, a menudo superior al 70%.

Conclusión

La eficiencia energética de las centrales nucleares es una medida crucial de su rendimiento. Aunque las eficiencias térmicas actuales se sitúan entre el 33% y el 37%, las tecnologías y estrategias avanzadas como la cogeneración prometen mejorar esta eficiencia. En comparación con otras fuentes de energía, las centrales nucleares ofrecen un buen compromiso entre eficiencia e impacto ambiental, produciendo electricidad fiable con muy bajas emisiones de gases de efecto invernadero. Si seguimos innovando y optimizando las tecnologías existentes, las centrales nucleares podrán ser aún más eficientes y desempeñar un papel clave en la transición energética mundial.

Capítulo 5: Aplicaciones militares de la energía nuclear

La energía nuclear, aunque se utiliza principalmente para la generación de electricidad y otros fines civiles, también tiene importantes aplicaciones militares. Este capítulo analiza en profundidad el desarrollo de las armas nucleares, los principios de funcionamiento de la bomba atómica, las distinciones entre usos civiles y militares de la energía nuclear y los retos que plantea la proliferación nuclear y los esfuerzos internacionales para controlarla.

El desarrollo de las armas nucleares

1. **Orígenes históricos :**

o **Proyecto Manhattan**: En 1942, en plena Segunda Guerra Mundial, Estados Unidos puso en marcha el Proyecto Manhattan, una empresa ultrasecreta para desarrollar la primera bomba nuclear. Bajo la dirección científica de Robert Oppenheimer y la gestión del general Leslie Groves, el proyecto movilizó enormes recursos humanos y materiales, implicando a investigadores de renombre como Enrico Fermi, Richard Feynman y Niels Bohr. El 16 de julio de 1945 se realizó en el desierto de Nuevo México la primera prueba nuclear, bautizada "Trinity", que demostró el poder devastador de esta nueva arma.

Unas semanas más tarde, las bombas "Little Boy" y "Fat Man" fueron lanzadas sobre Hiroshima y Nagasaki, causando una destrucción sin precedentes y precipitando el final de la Segunda Guerra Mundial. Estos acontecimientos no sólo marcaron el comienzo de la era nuclear, sino que también revelaron el potencial destructivo de las armas nucleares, teniendo una influencia duradera en la política internacional.

o **Carrera armamentística**: La demostración del poder nuclear por parte de Estados Unidos impulsó a otras naciones a desarrollar sus propios arsenales. La Unión Soviética probó su primera bomba nuclear en 1949, desencadenando una intensa carrera armamentística. Durante la Guerra Fría, Estados Unidos y la Unión Soviética invirtieron grandes sumas en la investigación y el desarrollo de nuevas armas nucleares, lo que condujo a la proliferación de armas de destrucción masiva.

2. **Desarrollo tecnológico :**

o **Fisión y fusión**: Las primeras armas nucleares, basadas en la fisión, utilizaban uranio-235 plutonio-239 para provocar reacciones en cadena devastadoras. A estas bombas, conocidas como "bombas A" (de "atómicas"), siguieron rápidamente avances aún más impresionantes con el desarrollo de las bombas termonucleares, o "bombas H" (de "hidrógeno").

Las bombas H utilizan la fusión nuclear, el mismo proceso que hace funcionar el sol, para liberar una energía mucho mayor que las bombas A. Esta tecnología implica la fusión de núcleos ligeros, que son los que producen la energía nuclear. Esta tecnología implica la fusión de núcleos ligeros como el deuterio y el tritio a temperaturas extremadamente altas, a menudo iniciada por una reacción de fisión.

o **Miniaturización y sofisticación**: A lo largo de las décadas, las armas nucleares se han ido sofisticando y miniaturizando cada vez más. Los avances en la tecnología de los misiles balísticos intercontinentales (ICBM) y de los submarinos nucleares propulsados por misiles balísticos (SSBN) han permitido desplegar cabezas nucleares con mayor precisión y alcance mundial. La miniaturización de las cabezas nucleares también ha hecho posible integrarlas en diversos sistemas vectores, aumentando la flexibilidad y eficacia de las fuerzas nucleares estratégicas.

3. **Impacto en la energía nuclear civil :**

o **Investigación y desarrollo**: El desarrollo de armas nucleares ha catalizado avances significativos en física nuclear y tecnología de reactores. Los conocimientos adquiridos y las infraestructuras desarrolladas para los programas militares se han adaptado a menudo a aplicaciones civiles, como la producción de electricidad y la medicina nuclear. Sin embargo, esta interconexión entre usos militares y civiles también ha suscitado inquietudes sobre la proliferación nuclear y la seguridad de las instalaciones civiles.

o **Debates sobre seguridad**: los accidentes nucleares militares, así como las pruebas atmosféricas y subterráneas, han sensibilizado a la opinión pública sobre los peligros de la energía nuclear. Las imágenes de explosiones nucleares y los relatos de los supervivientes han generado una conciencia mundial de los riesgos asociados al uso de la energía nuclear, influyendo en las políticas y normativas de seguridad del sector civil. Se han establecido medidas de seguridad reforzadas y protocolos estrictos para prevenir accidentes y proteger el medio ambiente y a las personas.

Principio de la bomba atómica

La bomba atómica, emblema aterrador del poder destructor de la energía nuclear, se basa en principios científicos complejos y formidablemente eficaces. Para comprender su funcionamiento, debemos profundizar en los mecanismos de la fisión nuclear, los diferentes métodos de diseño y las implicaciones de las bombas termonucleares.

1. **La fisión nuclear :**

o **Reacción en cadena** : El principio básico de una bomba atómica es la fisión nuclear, un proceso en el que núcleos atómicos pesados como el uranio-235 o el plutonio-239 se dividen en fragmentos más pequeños. Esta división libera una inmensa cantidad de energía en forma de calor y radiación. La reacción en cadena es crucial: cuando el núcleo fisionable se divide, expulsa neutrones que, a su vez, golpean otros núcleos fisionables, provocando nuevas fisiones. Este proceso se repite exponencialmente, creando una explosión extremadamente potente en un espacio de tiempo muy corto.

o **Masa crítica**: Para que se produzca una explosión nuclear, debe alcanzarse una "masa crítica" de material fisible. La masa crítica es la cantidad mínima de sustancia necesaria para mantener una reacción en cadena autosostenida. Si la masa es inferior a este valor, los neutrones escapan sin provocar suficientes fisiones adicionales. En cambio, cuando se alcanza la masa crítica, cada fisión produce suficientes neutrones para inducir varias otras fisiones, desencadenando la explosión.

2. **Diseño de una bomba atómica :**

o **Ensamblaje tipo cañón**: En este método, dos masas subcríticas de uranio-235 se proyectan una hacia otra mediante un dispositivo explosivo convencional, alcanzando la masa crítica cuando se encuentran. Este principio, utilizado en la bomba "Little Boy" lanzada sobre Hiroshima, es relativamente simple pero eficaz. Cuando las dos masas se juntan, forman un núcleo crítico que inicia la reacción en cadena, produciendo una explosión nuclear.

o **Montaje por implosión**: Esta técnica es más sofisticada y se utilizó en la bomba "Fat Man" lanzada sobre Nagasaki. Utiliza una esfera de plutonio-239 rodeada de explosivos convencionales dispuestos para comprimir el plutonio simétricamente al detonar. Esta compresión obliga al plutonio a alcanzar la masa crítica, iniciando la reacción en cadena. La implosión permite que los neutrones se distribuyan uniformemente y que el material fisible se utilice de forma más eficiente, lo que da lugar a una explosión más potente.

3. **Bomba de fusión (termonuclear o bomba H) :**

o **Etapa de fisión**: Una bomba de fusión, o bomba H, comienza con una explosión de fisión similar a la de una bomba A. Esta explosión inicial se utiliza para generar el material fisionable. Esta explosión inicial sirve para generar las condiciones extremas necesarias para la fusión nuclear, en particular temperaturas de varios millones de grados Celsius.

o **Liberación de energía**: La fusión nuclear, el mismo proceso que impulsa a las estrellas, implica la fusión de núcleos ligeros como el deuterio y el tritio para formar un núcleo más pesado, liberando una enorme cantidad de energía. Este proceso libera mucha más energía que la fisión, por lo que las bombas H son mucho más potentes. El calor y la presión generados por la explosión de fisión inician la fusión, y la reacción en cadena de fusión produce una explosión de intensidad devastadora.

4. **Impacto en la sociedad civil :**

o **Tecnología de doble uso**: Las tecnologías y los conocimientos necesarios para desarrollar armas nucleares tienen a menudo aplicaciones civiles, en particular en la producción de electricidad. Los reactores de neutrones rápidos, las técnicas de enriquecimiento del uranio e incluso algunos aspectos de la gestión de los residuos nucleares comparten fundamentos tecnológicos con las armas nucleares. Esta dualidad plantea importantes retos en materia de seguridad y reglamentación.

o **Riesgos de desvío**: La existencia de tecnologías nucleares civiles presenta un riesgo de desvío para uso militar. Materiales fisibles como el uranio enriquecido y el plutonio, producidos en reactores nucleares, pueden utilizarse potencialmente para fabricar armas. Esto exige medidas de seguridad rigurosas, vigilancia internacional y acuerdos como el Tratado de No Proliferación Nuclear (TNP) para minimizar los riesgos de proliferación y uso indebido.

Diferencia entre uso civil y militar

1. **Objetivos :**

o **Uso civil**: El principal objetivo de la energía nuclear civil es mejorar la calidad de vida y promover el desarrollo sostenible:

- Generación de electricidad: Las centrales nucleares civiles proporcionan una fuente de electricidad estable y abundante, esencial para satisfacer las crecientes necesidades energéticas limitando al mismo tiempo las emisiones de gases de efecto invernadero. En Francia, por ejemplo, la energía nuclear es una parte importante de la combinación energética, garantizando un suministro continuo y fiable de electricidad.

- Aplicaciones médicas: los isótopos radiactivos producidos en los reactores nucleares se utilizan en medicina para realizar diagnósticos precisos y tratamientos eficaces. La radioterapia, por ejemplo, utiliza la radiación para tratar ciertos tipos de cáncer, mientras que las técnicas de imagen nuclear permiten realizar diagnósticos detallados.

- Investigación científica: Los reactores de investigación contribuyen a importantes descubrimientos científicos, desde el desarrollo de nuevos materiales hasta el estudio de las reacciones nucleares. Desempeñan un papel crucial en los avances tecnológicos y la comprensión de los fenómenos naturales.

Aplicaciones industriales: la tecnología nuclear se utiliza para esterilizar productos médicos, mejorar las semillas agrícolas y detectar fugas en las tuberías, contribuyendo así a la eficacia industrial y a la seguridad alimentaria.

o **Uso militar**: Las aplicaciones militares de la energía nuclear se centran en la defensa nacional y la disuasión estratégica:

Fabricación de armas nucleares: Las armas nucleares, basadas en los principios de fisión o fusión, están diseñadas para producir explosiones devastadoramente potentes. Desempeñan un papel central en la estrategia de disuasión de naciones como Estados Unidos y Rusia.

Propulsión nuclear: Los submarinos y portaaviones nucleares utilizan reactores nucleares para su propulsión, lo que les confiere una autonomía considerable y una mayor capacidad de despliegue. Esto permite a las fuerzas armadas mantener una presencia global sin depender de repostajes frecuentes.

Generadores eléctricos: Pequeños reactores nucleares suministran electricidad a bases militares remotas, garantizando un suministro continuo y fiable incluso en entornos hostiles.

2. **Materiales y tecnologías :**

o **Enriquecimiento del uranio :**

Uso civil: Los reactores nucleares civiles utilizan uranio enriquecido al 3-5% de uranio-235, suficiente para mantener una reacción en cadena controlada para la producción de energía.

Uso militar: Las armas nucleares requieren uranio o plutonio mucho más enriquecidos, a menudo más del 90% de uranio-235 o plutonio-239, para crear una explosión nuclear. Los reactores de los submarinos militares también utilizan combustible más enriquecido para prolongar la vida entre recargas, ofreciendo una mayor autonomía operativa.

3. **Seguridad y reglamentación :**

Uso civil: Las instalaciones nucleares civiles están sujetas a estrictas normativas impuestas por organismos nacionales e internacionales como el Organismo Internacional de Energía Atómica (OIEA). Estas normas tienen por objeto garantizar la seguridad, prevenir accidentes y evitar la proliferación de materiales nucleares.

Uso militar: Las instalaciones militares, en cambio, suelen ser menos transparentes debido a la seguridad nacional y los secretos de defensa. No obstante, también están sujetas a controles para evitar la proliferación de armas nucleares, de acuerdo con tratados internacionales como el Tratado de No Proliferación Nuclear (TNP).

4. **Impacto e influencia :**

<u>Tecnología dual</u>: Los avances tecnológicos en el ámbito civil pueden beneficiar a las aplicaciones militares y viceversa. Por ejemplo, las mejoras de seguridad en los reactores civiles pueden aplicarse a los reactores de los submarinos militares para aumentar su fiabilidad y seguridad.

<u>Efectos políticos</u>: La posesión de capacidades nucleares, incluso con fines civiles, puede tener importantes implicaciones geopolíticas. Por ejemplo, puede considerarse que un país con centrales nucleares avanzadas tiene potencial para desarrollar armas nucleares, lo que influye en las relaciones internacionales y las políticas de defensa.

Proliferación nuclear y tratados internacionales

La energía nuclear, si bien ofrece importantes ventajas para la generación de electricidad y otras aplicaciones civiles, también plantea retos críticos para la seguridad mundial. La proliferación nuclear es una de las principales preocupaciones, que exige esfuerzos concertados a través de tratados internacionales y de la cooperación multilateral para garantizar la paz y la estabilidad mundiales.

1. **Proliferación nuclear :**

o **Definición**: La proliferación nuclear se refiere a la difusión de tecnologías, materiales y armas nucleares a Estados o actores no estatales que no los poseen inicialmente. Esto incluye no sólo las propias armas, sino también las tecnologías de enriquecimiento de uranio y reprocesamiento de plutonio necesarias para producir materiales fisibles para su uso en armas nucleares.

o **Riesgos**: La proliferación aumenta el riesgo de conflictos armados con armas nucleares, terrorismo nuclear y desestabilización regional. La posesión de armas nucleares por parte de más Estados puede conducir a una carrera armamentística, aumentando la probabilidad de errores de cálculo militares y enfrentamientos accidentales. Además, el riesgo de que materiales nucleares caigan en manos de grupos terroristas representa una grave amenaza para la seguridad internacional.

2. **Tratamiento internacional :**

o **Tratado de No Proliferación (TNP):** El TNP, que entró en vigor en 1970, tiene por objeto prevenir la proliferación de armas nucleares, promover el desarme y fomentar el uso pacífico de la energía nuclear. Los Estados firmantes se comprometen a no transferir armas nucleares o tecnologías conexas a Estados no poseedores de armas nucleares.

o **Acuerdos de control de armamentos**: Tratados como el START (Tratado de Reducción de Armas Estratégicas) entre EEUU y Rusia tienen como objetivo reducir el número de armas nucleares desplegadas.

3. **Organizaciones internacionales:**

o **Organismo Internacional de la Energía Atómica (OIEA):** El OIEA desempeña un papel clave en el control de los programas nucleares civiles para garantizar que no se desvían hacia fines militares. Realiza inspecciones y proporciona asistencia técnica para el desarrollo seguro y pacífico de la energía nuclear.

o **Iniciativas multilaterales**: Iniciativas como el Grupo de Suministradores Nucleares (GSN) establecen directrices para el comercio de materiales y tecnologías nucleares con el fin de evitar la proliferación.

4. **Retos y perspectivas :**

o **Estado paria**: Algunos Estados, como Corea del Norte, han llevado a cabo programas de armamento nuclear a pesar de las sanciones internacionales, lo que supone un reto para la comunidad mundial.

o **Terrorismo nuclear**: La posibilidad de que grupos terroristas adquieran materiales nucleares es motivo de gran preocupación, lo que exige medidas de seguridad reforzadas y una mayor cooperación internacional.

o **Regulación futura**: La tecnología evoluciona y las nuevas formas de energía nuclear, como los reactores de fusión, requerirán marcos reguladores y tratados adecuados para evitar su uso indebido.

Conclusión

Este capítulo ha explorado las aplicaciones militares de la energía nuclear, destacando la evolución de las armas nucleares, los principios de las bombas atómicas, las diferencias entre usos civiles y militares, así como los problemas de proliferación nuclear y los tratados internacionales. Comprender estos aspectos es crucial para entender las implicaciones globales de la energía nuclear. En los capítulos siguientes se examinan las repercusiones medioambientales, las medidas de seguridad y las comparaciones con otras fuentes de energía.

Capítulo 6: Seguridad de las centrales nucleares

La seguridad de las centrales nucleares es una de las principales preocupaciones de la industria, los gobiernos y el público. En este capítulo se examinan los principales riesgos asociados a las centrales nucleares, los sistemas de seguridad pasivos y activos existentes, importantes estudios de casos como los de Chernóbil, Fukushima y Three Mile Island, y la regulación y supervisión internacionales de la industria.

Los principales riesgos

1. **Fugas radiactivas :**

o **Causas**: Las fugas radiactivas son uno de los mayores riesgos potenciales en una central nuclear. Pueden producirse por varias razones:

Fallo de las barreras de contención: Estas barreras, diseñadas para contener materiales radiactivos, pueden agrietarse o romperse en caso de defectos de fabricación, envejecimiento de los materiales o daños accidentales.

Rotura de tuberías: las tuberías que transportan refrigerante o vapor pueden corroerse, agrietarse bajo presión o resultar dañadas por vibraciones o sacudidas sísmicas.

Accidentes o catástrofes naturales: sucesos como terremotos, tsunamis o inundaciones pueden dañar gravemente las infraestructuras nucleares y provocar fugas.

o **Consecuencias**: Las consecuencias de las fugas radiactivas son graves y polifacéticas:

Contaminación del medio ambiente: Las sustancias radiactivas pueden contaminar el suelo, el agua y el aire, afectando a la flora y la fauna locales y pudiendo extenderse a vastas zonas.

Efectos sobre la salud: La exposición a la radiación puede causar enfermedades graves, como el cáncer, y efectos genéticos en las generaciones futuras.

Daños al ecosistema: La vida marina, los animales y las plantas pueden sufrir impactos devastadores, con ecosistemas enteros potencialmente afectados durante décadas.

2. **Accidentes de criticidad :**

o **Definición**: Un accidente de criticidad se produce cuando la reacción nuclear de fisión en cadena se vuelve incontrolable. Esta situación puede provocar una liberación rápida e intensa de energía potencialmente explosiva.

- **Prevención**: Para prevenir estos accidentes :

    Diseño del reactor: Los reactores se diseñan para evitar las condiciones que podrían conducir a una criticidad incontrolada, mediante el uso de materiales absorbentes de neutrones y el mantenimiento de una geometría segura del combustible.

    Control operativo: Los operadores están formados para vigilar y controlar los parámetros críticos del reactor. Los sistemas automáticos también pueden intervenir para detener la reacción en caso de desviación peligrosa.

3. **Fusión del núcleo :**

- **Escenario**: La fusión del núcleo es uno de los accidentes más temidos en una central nuclear. Se produce cuando el combustible nuclear se calienta hasta niveles extremos, hasta el punto de fundirse:

    Causa principal: Este fenómeno suele deberse a un fallo en el sistema de refrigeración del reactor. Sin una refrigeración adecuada, el núcleo del reactor puede sobrecalentarse, provocando la fusión de las barras de combustible.

- **Consecuencias**: Las consecuencias de una fusión del núcleo son catastróficas:

    Daños a la central: La fusión puede perforar la vasija del reactor, dañando irreparablemente la infraestructura e inutilizando el emplazamiento durante años.

    Emisión masiva de materiales radiactivos: Una fusión puede provocar la emisión incontrolada de materiales radiactivos al medio ambiente, haciendo necesarias evacuaciones masivas y zonas de exclusión.

    Impactos sobre la salud: Las poblaciones circundantes pueden verse expuestas a altas dosis de radiación, lo que puede provocar enfermedades agudas y crónicas, incluido el cáncer.

Comprender estos riesgos es crucial para apreciar las rigurosas medidas de seguridad implantadas en las centrales nucleares, destinadas a proteger no sólo a los trabajadores, sino también al público y al medio ambiente. Estas medidas se detallan en las siguientes secciones del capítulo, que abarcan los sistemas de seguridad pasivos y activos, los estudios de casos históricos y la normativa internacional.

Sistemas de seguridad pasivos y activos

Los sistemas de seguridad de las centrales nucleares son esenciales para garantizar la seguridad y minimizar el riesgo de accidentes. Estos sistemas se dividen en dos categorías principales: seguridad pasiva y seguridad activa. Cada uno de ellos desempeña un papel crucial en la prevención y gestión de posibles incidentes.

1. **Seguridad pasiva :**

o **Barreras de contención**: Vasija del reactor: La primera barrera es la vasija del reactor, una gruesa estructura de acero capaz de contener materiales radiactivos y soportar altas presiones.

Recipientes de contención: Alrededor de la vasija del reactor, las vasijas de contención de hormigón armado y acero crean una segunda capa de protección, impidiendo el escape de sustancias radiactivas al medio ambiente.

Sistemas de filtrado: Si se liberan gases radiactivos, unos sistemas de filtrado especiales capturan las partículas peligrosas antes de que puedan escapar a la atmósfera.

o **Circuitos de refrigeración pasivos:**

Circulación natural: Utilizando la gravedad y las diferencias de densidad, estos sistemas permiten que el agua circule y refrigere el reactor sin necesidad de bombas ni de una fuente de alimentación. Por ejemplo, el agua caliente sube de forma natural y es sustituida por agua fría, creando un ciclo de refrigeración continuo.

Termosifones y piscinas de refrigeración: Estos dispositivos utilizan principios simples de la física para eliminar el calor del reactor incluso en ausencia de energía eléctrica.

2. **Seguridad activa :**

o **Sistemas de reserva de emergencia :**

Sistemas de inyección de seguridad: En caso de pérdida de refrigerante, estos sistemas inyectan agua de boro directamente en el núcleo del reactor para absorber neutrones y detener la reacción en cadena.

Bombas de refrigerante de emergencia: Bombas adicionales están preparadas para arrancar inmediatamente en caso de fallo de las bombas principales, garantizando que el reactor se mantenga refrigerado.

Sistemas de control de la reactividad: las barras de control, a menudo de boro o cadmio, pueden introducirse en el núcleo del reactor para reducir o detener la reacción nuclear en caso de emergencia.

o **Equipos de detección y control:**

Sensores y detectores: Sensores sofisticados controlan constantemente la temperatura, la presión y los niveles de radiación en la central. Detectan anomalías y alertan a los operadores en tiempo real.

Sistemas de vigilancia a distancia: los operadores tienen acceso a centros de control donde se analizan continuamente los datos de los sensores, lo que permite intervenir rápidamente en caso de problema.

Pruebas y simulacros periódicos: periódicamente se realizan ejercicios de seguridad y simulacros de accidentes para garantizar que el personal y los sistemas están preparados para responder eficazmente en caso de crisis.

Estos sistemas de seguridad, ya sean pasivos o activos, trabajan juntos para crear múltiples capas de protección, minimizando el riesgo y maximizando la seguridad de las centrales nucleares. La importancia de estas medidas queda ilustrada por los casos de Chernóbil, Fukushima y Three Mile Island, donde los fallos en los sistemas de seguridad tuvieron consecuencias desastrosas. Estos incidentes condujeron a mejoras significativas de las normas de seguridad y de la reglamentación internacional, garantizando que las lecciones aprendidas nunca se olviden.

Casos prácticos: Chernóbil, Fukushima, Three Mile Island

Estas tres tragedias nucleares han tenido un profundo impacto en la historia de la energía nuclear, revelando los riesgos asociados a esta tecnología y catalizando al mismo tiempo importantes cambios en las normas y reglamentos de seguridad.

1. **Chernóbil (1986) :**

o **Causas**: El accidente de Chernóbil fue una cascada de errores humanos y fallos técnicos. Una prueba de seguridad mal diseñada, combinada con flagrantes infracciones de los procedimientos operativos, provocó un aumento incontrolado de la potencia del reactor, lo que dio lugar a una explosión cataclísmica.

o **Consecuencias**: La explosión liberó cantidades masivas de sustancias radiactivas a la atmósfera, contaminando regiones enteras y causando miles de muertes y enfermedades crónicas a millones de personas. Las consecuencias medioambientales y económicas fueron devastadoras, con extensas zonas de exclusión donde la vida humana se hizo imposible durante décadas.

2. Fukushima (2011):

o **Causas**: El devastador terremoto y el tsunami fueron los desencadenantes del accidente en la central nuclear de Fukushima Daiichi, en Japón. Las olas gigantes desbordaron los sistemas de refrigeración de los reactores, provocando una fusión parcial de los núcleos y emisiones masivas de materiales radiactivos.

o **Consecuencias**: Las consecuencias fueron desastrosas, con decenas de miles de personas evacuadas y tierras de cultivo inutilizables. Las fugas radiactivas al océano repercutieron en el ecosistema marino, mientras que la industria pesquera se vio gravemente afectada. Fukushima ha reavivado los temores mundiales sobre la seguridad de las centrales nucleares.

3. Three Mile Island (1979):

o **Causas**: En Three Mile Island, una serie de fallos técnicos y humanos provocaron una pérdida de refrigeración del reactor, causando una fusión parcial del núcleo.

o **Consecuencias**: Afortunadamente, las barreras de contención evitaron una catástrofe aún mayor. Aunque las emisiones radiactivas fueron mínimas y no se registraron víctimas directas, el incidente provocó una fuerte desconfianza pública hacia la industria nuclear estadounidense, lo que dio lugar a importantes revisiones de los protocolos de seguridad.

Estos casos ilustran las consecuencias potencialmente desastrosas de los accidentes nucleares y subrayan la importancia crucial de la seguridad de las centrales. También fueron puntos de inflexión en la historia de la energía nuclear, que condujeron a importantes reformas para evitar tragedias de este tipo en el futuro.

Regulación y control internacional

1. Organismos reguladores :

o **Autoridades nacionales**: Cada país tiene sus propios organismos reguladores, como la Nuclear Regulatory Commission (NRC) de Estados Unidos, encargados de definir y aplicar las normas de seguridad de las centrales nucleares.

o **Agencias internacionales**: Organizaciones como el OIEA y la Agencia Europea de la Energía Atómica (Euratom) se encargan de la supervisión y el asesoramiento internacional en materia de normas de seguridad nuclear.

2. **Normas de seguridad :**

o **Diseño y explotación**: las centrales nucleares deben cumplir normas estrictas de diseño, construcción y explotación para garantizar la seguridad.

o **Evaluación de riesgos**: Los operadores deben llevar a cabo evaluaciones de riesgos y análisis de seguridad periódicos para identificar posibles amenazas y aplicar medidas correctoras.

3. **Inspecciones y auditorías :**

o **Supervisión continua**: Los organismos reguladores realizan inspecciones y auditorías de seguridad periódicas para evaluar el cumplimiento de las normas de seguridad por parte de las centrales e identificar los aspectos susceptibles de mejora.

Intercambio de información: Los informes de inspección y los resultados se comparten a nivel nacional e internacional para promover el aprendizaje y la mejora de las prácticas de seguridad.

4. **Cooperación internacional:**

o **Intercambio de mejores prácticas**: Los países colaboran para compartir las mejores prácticas en materia de seguridad nuclear, fomentando la mejora continua de las normas y procedimientos.

o **Asistencia de emergencia**: En caso de accidente o crisis nuclear, la comunidad internacional proporciona asistencia técnica y humanitaria para mitigar las consecuencias y limitar los daños.

5. **Desarrollos tecnológicos :**

o **Innovación para la seguridad**: El progreso tecnológico continuo permite desarrollar sistemas de seguridad más avanzados, técnicas de control mejoradas y métodos de prevención de accidentes más eficaces.

o **Gestión de residuos**: La investigación destinada a mejorar la gestión de los residuos nucleares también contribuye a aumentar la seguridad de las centrales al reducir el riesgo de contaminación del medio ambiente.

Conclusión

La seguridad de las centrales nucleares es una prioridad absoluta para la industria y los reguladores de todo el mundo. En este capítulo se han examinado los principales riesgos asociados a las centrales nucleares, los sistemas de seguridad pasivos y activos existentes, importantes estudios de casos como los de Chernóbil, Fukushima y Three Mile Island, y la regulación y supervisión internacionales de la industria. Aunque se ha avanzado considerablemente en la mejora de la seguridad, sigue siendo esencial mantenerse alerta y continuar invirtiendo en investigación, innovación y cooperación internacional para garantizar que la energía nuclear siga siendo una fuente de energía segura y sostenible.

Capítulo 7: Gestión de residuos nucleares: un reto para el futuro

La energía nuclear proporciona una fuente de electricidad relativamente limpia y eficiente, pero también plantea un reto importante: ¿qué hacer con los residuos radiactivos que produce la industria? En este capítulo nos adentramos en uno de los aspectos más complejos y controvertidos de la energía nuclear: la gestión de los residuos nucleares.

Tipos de residuos

Los residuos nucleares presentan diversas formas y niveles de peligrosidad. Existen dos categorías principales: los residuos de vida corta, que pierden rápidamente su radiactividad, y los residuos de vida larga, que siguen siendo peligrosos durante miles o incluso millones de años.

- **Residuos de baja y media actividad (LLW)**: Este tipo de residuos comprende principalmente ropa, herramientas, resinas y materiales de filtración procedentes de centrales nucleares. Aunque su radiactividad disminuye rápidamente, deben almacenarse de forma segura durante varios cientos de años.

- **Residuos de alta actividad (RAA)**: Estos residuos proceden principalmente del proceso de reprocesamiento del combustible gastado. Son extremadamente radiactivos y pueden seguir siendo peligrosos durante miles o incluso millones de años. Los residuos de alta actividad incluyen elementos como el plutonio y el combustible nuclear gastado.

Retos y soluciones

La gestión de los residuos nucleares plantea una serie de retos importantes, como la seguridad a largo plazo, la responsabilidad social y medioambiental, la reglamentación y el transporte. Sin embargo, se han logrado avances significativos en el desarrollo de soluciones para tratar y almacenar estos residuos de forma segura y eficaz.

- **Almacenamiento geológico**: Una solución ampliamente aceptada es almacenar los residuos nucleares en formaciones geológicas estables, como depósitos de sal o depósitos en rocas profundas. Estos lugares ofrecen un aislamiento natural y protección contra las perturbaciones humanas y las catástrofes naturales.

- **Investigación sobre la transmutación**: La transmutación de los residuos nucleares consiste en transformar isótopos radiactivos de larga vida en isótopos menos peligrosos o elementos estables. Aunque esta tecnología está aún en fase de desarrollo, podría ofrecer una solución a largo plazo para reducir la radiactividad de los residuos.

Retos y perspectivas

La gestión de los residuos nucleares sigue siendo un tema muy controvertido y complejo, que alimenta los debates sobre la seguridad, los costes y la responsabilidad a largo plazo. Mientras muchos países buscan soluciones sostenibles para gestionar sus residuos nucleares, la urgencia por desarrollar estrategias eficaces sigue creciendo.

A pesar de los continuos retos, se han logrado avances significativos en la investigación y el desarrollo de tecnologías de gestión de residuos nucleares. Sin embargo, es crucial mantener un diálogo abierto y transparente con el público para garantizar que las decisiones adoptadas reflejen los valores y preocupaciones de la sociedad en su conjunto.

En este capítulo sólo hemos arañado la superficie de un tema tan vasto y complejo. La gestión de los residuos nucleares sigue siendo un ámbito en constante evolución, y es esencial mantenerse informado y comprometido en los debates sobre su futuro.

Capítulo 8: El impacto medioambiental de la energía nuclear

La energía nuclear suele ser elogiada por sus bajas emisiones de CO2, pero su contribución al impacto medioambiental global es más compleja de lo que parece. En este capítulo, exploramos los matices del impacto medioambiental de la energía nuclear, destacando sus ventajas en términos de emisiones de CO2, pero también los retos asociados a la gestión de residuos, los efectos sobre la biodiversidad y la huella ecológica de sus instalaciones.

Comparación de las emisiones de CO2 con otras fuentes de energía

1. **Emisiones directas :**

o **Ventajas**: Las centrales nucleares no producen CO2 durante su funcionamiento, lo que las convierte en una fuente de energía baja en carbono en comparación con combustibles fósiles como el carbón, el petróleo y el gas natural.

o **Contribución a la lucha contra el cambio climático**: La energía nuclear se presenta a menudo como un componente esencial en la transición hacia una economía baja en carbono, complementando a las energías renovables.

2. **Ciclo de vida completo :**

o **Extracción y tratamiento del uranio**: Aunque las centrales nucleares no producen CO2 durante su funcionamiento, la extracción, el tratamiento y el enriquecimiento del uranio requieren energía y pueden provocar emisiones de CO2.

o **Construcción y desmantelamiento de las centrales**: Las fases de construcción y desmantelamiento de las centrales nucleares también implican emisiones de CO2, aunque estas emisiones son relativamente bajas en comparación con las centrales de combustibles fósiles.

3. **Comparación con las energías renovables :**

o **Ventajas en relación con las intermitencias**: A diferencia de las energías renovables como la solar y la eólica, la energía nuclear ofrece una producción de electricidad estable y constante, lo que puede contribuir a estabilizar la red eléctrica y a reducir la dependencia de los combustibles fósiles.

Gestión de residuos radiactivos a largo plazo

1. Tipos de residuos :

o **Residuos de alta actividad**: Estos residuos, principalmente los elementos combustibles gastados y los productos de fisión, siguen siendo radiactivos durante miles de años y requieren una gestión a largo plazo.

o **Residuos de baja y media actividad:** Estos residuos comprenden principalmente materiales contaminados por sustancias radiactivas y productos de limpieza utilizados en las centrales nucleares.

2. Soluciones de almacenamiento :

o **Almacenamiento temporal**: Los residuos radiactivos suelen almacenarse temporalmente en piscinas de refrigeración cerca de los reactores nucleares antes de ser trasladados a instalaciones de almacenamiento a largo plazo.

o **Almacenamiento geológico profundo**: Las soluciones a largo plazo suelen consistir en almacenar los residuos en formaciones geológicas estables y aisladas, como depósitos subterráneos profundos, donde estarán confinados y controlados durante miles de años.

3. Retos y controversias :

o **Seguridad y protección:** La principal preocupación en relación con el almacenamiento a largo plazo de residuos radiactivos es garantizar su confinamiento y aislamiento para evitar cualquier contaminación del medio ambiente y de las poblaciones.

o **Aceptabilidad social:** Los proyectos de eliminación de residuos radiactivos suelen enfrentarse a una fuerte oposición pública debido a la preocupación por la seguridad, el medio ambiente y la salud pública.

Efectos sobre la flora y la fauna

El impacto medioambiental de la energía nuclear no se limita a las propias instalaciones. En esta sección, exploramos los efectos directos e indirectos de esta fuente de energía sobre la flora y la fauna.

1. Directos :

o **Hábitat:** La construcción y el funcionamiento de las centrales nucleares pueden provocar la destrucción de hábitats naturales, obligando a muchas especies vegetales y animales a desplazarse o desaparecer.

o **Contaminación:** Los accidentes y los vertidos radiactivos pueden contaminar el suelo, los cursos de agua y los ecosistemas vecinos, poniendo en peligro la salud y la reproducción de las especies locales.

2. **Indirectos :**

o **Cambio climático**: Paradójicamente, la energía nuclear puede contribuir a mitigar el cambio climático al producir bajas emisiones de CO_2. Sin embargo, también puede provocar cambios medioambientales que afecten a la flora y la fauna, como modificaciones de los hábitats y migraciones de especies.

o **Competencia por los recursos**: La construcción y el funcionamiento de las centrales nucleares suelen requerir grandes cantidades de agua para refrigeración y espacio para las instalaciones. Esta mayor competencia por los recursos hídricos y terrestres puede repercutir en la biodiversidad local, alterando los ecosistemas naturales y reduciendo los hábitats disponibles para la fauna.

Comprender estos efectos sobre la flora y la fauna es esencial para evaluar el impacto global de la energía nuclear en el medio ambiente. Esto subraya la importancia de una planificación cuidadosa, unas medidas paliativas adecuadas y un seguimiento continuo para minimizar los posibles daños ecológicos a lo largo del ciclo de vida de las instalaciones nucleares.

La huella ecológica de las centrales nucleares

1. **Uso del suelo :**

o **Instalaciones e infraestructuras**: Las centrales nucleares ocupan grandes extensiones de terreno que albergan reactores, edificios de almacenamiento, sistemas de refrigeración y zonas de seguridad. Esta gran extensión de terreno puede provocar la pérdida de hábitats naturales y la fragmentación de los ecosistemas.

2. **Consumo de agua :**

o **Refrigeración**: El corazón de cualquier central nuclear es su sistema de refrigeración, que requiere cantidades ingentes de agua para mantener los reactores a una temperatura segura. Este consumo puede ejercer una presión considerable sobre los recursos hídricos locales y perturbar ecosistemas acuáticos sensibles.

3. **Desarrollo y desmantelamiento :**

o **Impactos durante la construcción:** La construcción de nuevas centrales nucleares puede provocar la deforestación, la conversión de tierras agrícolas y la pérdida de valiosos hábitats naturales, lo que repercute en la biodiversidad local y los equilibrios ecológicos.

o **Retos del desmantelamiento**: Al final de su ciclo de vida, las centrales nucleares requieren un desmantelamiento cuidadoso. Esto puede incluir la gestión de residuos, la rehabilitación del emplazamiento y la restauración del terreno, lo que constituye un reto importante para la protección del medio ambiente.

Conclusión

Aunque la energía nuclear suele considerarse una fuente de energía con bajas emisiones de carbono, no está exenta de repercusiones sobre el medio ambiente. Este capítulo ha examinado en detalle el impacto medioambiental de la energía nuclear, centrándose en varios aspectos cruciales. En primer lugar, hemos comparado las emisiones de CO_2 de la energía nuclear con las de otras fuentes de energía, destacando tanto sus ventajas en términos de emisiones directas como los retos asociados a todo el ciclo de vida, incluidas la extracción de uranio y la construcción de las centrales.

A continuación, hemos abordado la cuestión de la gestión de los residuos radiactivos a largo plazo, explorando los tipos de residuos, las soluciones actuales de eliminación y los retos asociados, como la seguridad y la aceptabilidad social. También examinamos los efectos directos e indirectos de la energía nuclear sobre la flora y la fauna, destacando los riesgos de alteración de los hábitats naturales y de contaminación ambiental.

Por último, analizamos la huella ecológica de las centrales nucleares, destacando su uso del suelo, el consumo de agua y los retos asociados al desarrollo y desmantelamiento de las instalaciones. Es esencial tener en cuenta estos aspectos medioambientales a la hora de evaluar el impacto global de la energía nuclear y buscar constantemente formas de mitigarlo mediante prácticas de gestión responsables e innovación tecnológica.

Capítulo 9: Comparación con otras fuentes de energía

La energía nuclear forma parte integrante del panorama energético mundial, pero para comprender plenamente su papel y su potencial es esencial compararla con otras fuentes de energía. En este capítulo se examinan en detalle los combustibles fósiles, como el carbón, el gas y el petróleo, y las energías renovables, como la solar, la eólica, la hidráulica y la geotérmica. Analizamos las ventajas e inconvenientes de cada fuente de energía, así como las perspectivas de una combinación energética sostenible.

Combustibles fósiles: carbón, gas, petróleo

1. **El carbón :**

o **Abundancia y accesibilidad**: El carbón es omnipresente y fácilmente accesible, lo que lo convierte en el recurso energético preferido de muchos países.

o **Impacto medioambiental**: Sin embargo, su explotación y combustión tienen graves consecuencias, ya que generan importantes emisiones de CO_2 y contaminantes atmosféricos, contribuyendo así al cambio climático y a la contaminación atmosférica.

2. **El gas natural :**

o **Bajas emisiones de CO_2**: En comparación con el carbón y el petróleo, el gas natural produce menos CO_2 al quemarse, lo que lo convierte en una alternativa más limpia para producir electricidad.

o **Impacto medioambiental**: Sin embargo, la extracción de gas de esquisto y las fugas de metano asociadas plantean importantes problemas medioambientales, como la contaminación de las aguas subterráneas y el aumento de las emisiones de gases de efecto invernadero.

3. **Petróleo :**

o **Versatilidad y movilidad**: El petróleo es una fuente de energía versátil que se utiliza en diversos sectores como el transporte, la industria y la generación de electricidad.

o **Dependencia de las importaciones**: A pesar de su versatilidad, muchos países dependen de las importaciones de petróleo, lo que puede plantear problemas de seguridad energética y de volatilidad de los precios en el mercado mundial.

Un análisis más detallado de estas fuentes de combustibles fósiles muestra que tienen ventajas e inconvenientes en términos de accesibilidad, impacto ambiental y dependencia económica. En este complejo contexto, la energía nuclear se perfila como una alternativa prometedora para un futuro energético más limpio y sostenible.

Energías renovables: solar, eólica, hidráulica, geotérmica

1. Solar :

o **Abundancia y disponibilidad**: La energía solar es abundante y está ampliamente disponible en todo el mundo, por lo que ofrece un potencial considerable para la generación de electricidad.

o **Dependencia de las condiciones meteorológicas**: La producción de electricidad solar depende de las condiciones meteorológicas y de la insolación, lo que puede dar lugar a una producción intermitente y variable.

2. Eólica :

o **Bajas emisiones e impacto visual:** La energía eólica produce bajas emisiones de CO_2 y se considera una fuente de energía limpia, pero los aerogeneradores pueden tener un impacto visual sobre el paisaje y la fauna local.

o **Limitaciones de emplazamiento**: Los parques eólicos requieren ubicaciones específicas con vientos constantes y suficientemente fuertes, lo que puede limitar su implantación en determinadas regiones.

3. Energía hidroeléctrica :

o **Producción estable y previsible**: La energía hidroeléctrica proporciona una producción de electricidad estable y previsible, lo que la convierte en una fuente de energía fiable para satisfacer la demanda energética.

o **Impactos medioambientales**: La construcción de presas puede tener consecuencias para los ecosistemas fluviales, la migración de los peces y la calidad del agua, lo que exige una gestión cuidadosa de los recursos hídricos.

4. **Energía geotérmica :**

o **Disponibilidad y potencial limitados**: La energía geotérmica está ampliamente disponible en regiones volcánicas y tectónicamente activas, pero su potencial está limitado por la geografía.

o **Costes de desarrollo:** La creación de centrales geotérmicas requiere una importante inversión inicial en exploración y tecnología, aunque los costes operativos suelen ser bajos una vez que la central está en funcionamiento.

Ventajas e inconvenientes de cada fuente de energía

1. **Ventajas :**

o **Fósiles**: Las reservas de carbón, gas natural y petróleo están repartidas por muchas partes del mundo. Por ejemplo, Estados Unidos, Rusia y Oriente Medio cuentan con grandes reservas de petróleo y gas, mientras que China e India tienen vastas reservas de carbón. Esta distribución geográfica significa que muchos países pueden explotar estos recursos localmente, reduciendo su dependencia de las importaciones.

La infraestructura para el transporte de combustibles fósiles está bien establecida. Por ejemplo, los gasoductos para el gas natural y el petróleo, y las redes ferroviarias y marítimas para el carbón, permiten transportar estos combustibles a grandes distancias. Además, los combustibles fósiles pueden almacenarse fácilmente, lo que garantiza su disponibilidad constante cuando se necesitan.

Los combustibles fósiles suelen ser más baratos de extraer y utilizar que las energías renovables. Por ejemplo, las centrales eléctricas de carbón y gas natural pueden construirse y ponerse en marcha rápidamente y de forma más barata que los parques eólicos o solares. Además, las tecnologías e infraestructuras para extraer combustibles fósiles están maduras y ampliamente disponibles, lo que reduce los costes de inversión.

o **Renovables**: Las energías renovables se consideran "limpias", sostenibles a largo plazo y pueden contribuir a reducir las emisiones de gases de efecto invernadero.

2.   Desventajas :

o **Combustibles fósiles** :

Contaminación atmosférica: La quema de combustibles fósiles libera contaminantes atmosféricos como dióxido de azufre, óxidos de nitrógeno y partículas finas, lo que contribuye a la contaminación atmosférica y a problemas de salud pública. Por ejemplo, las ciudades con una gran dependencia del carbón, como Pekín en China, sufren altos niveles de contaminación atmosférica.

Deforestación: La explotación de carbón y petróleo puede provocar la deforestación y la destrucción de hábitats naturales. Por ejemplo, la extracción de arenas bituminosas en Alberta (Canadá) ha provocado la deforestación de vastas zonas de bosque boreal.

Acidificación de los océanos: Las emisiones de dióxido de carbono procedentes de la quema de combustibles fósiles son absorbidas por los océanos, provocando su acidificación. Esto amenaza la vida marina, como los corales y los moluscos, que son sensibles a los cambios de pH.

Cambio climático: Los combustibles fósiles son los principales responsables de las emisiones de gases de efecto invernadero, que contribuyen al calentamiento global y a la alteración del clima. Por ejemplo, el uso continuado de carbón y petróleo ha provocado un aumento de las temperaturas globales, causando fenómenos meteorológicos extremos.

o **Renovables** :

Intermitentes: La producción de energía renovable puede ser intermitente y depender de las condiciones meteorológicas. Por ejemplo, la energía solar depende de la luz solar, que varía según la hora del día y la estación, mientras que la energía eólica depende de las condiciones del viento, que pueden ser impredecibles.

Dependencia de las condiciones meteorológicas: La eficiencia de las fuentes de energía renovables puede variar según las condiciones meteorológicas. Por ejemplo, en días nublados o sin viento, la generación de energía solar y eólica puede disminuir, lo que requiere soluciones de almacenamiento o sistemas de reserva para garantizar un suministro continuo.

Grandes inversiones: El desarrollo de infraestructuras de energías renovables requiere una inversión inicial considerable. Por ejemplo, la construcción de parques solares o eólicos y la instalación de redes de transmisión y almacenamiento de energía requieren importantes fondos. Sin embargo, estos costes pueden amortizarse a largo plazo gracias a la sostenibilidad y los bajos costes operativos de las energías renovables.

Impacto medioambiental local: Aunque globalmente son menos perjudiciales, las energías renovables pueden tener un impacto medioambiental local. Por ejemplo, las presas hidroeléctricas pueden perturbar los ecosistemas fluviales, afectar a la migración de los peces y alterar la calidad del agua. Los parques eólicos pueden afectar a aves y murciélagos, además de causar molestias acústicas y visuales a las comunidades locales.

Perspectivas de una combinación energética sostenible

Para garantizar un futuro energético sostenible, es crucial diversificar nuestras fuentes de energía, facilitar la transición energética y fomentar la innovación tecnológica. Una combinación energética equilibrada, que combine los puntos fuertes de los combustibles fósiles y las energías renovables, puede ofrecer seguridad energética al tiempo que minimiza el impacto medioambiental. A continuación se analizan en profundidad estas perspectivas.

1. **Diversificación:**

Una combinación energética diversificada es esencial para satisfacer las necesidades energéticas del mundo, reduciendo al mismo tiempo los riesgos asociados a la dependencia de una sola fuente de energía. Por ejemplo, los combustibles fósiles, a pesar de su impacto medioambiental negativo, ofrecen una fiabilidad y constancia que pueden ser cruciales durante la transición hacia energías más limpias.

Seguridad energética: diversificando las fuentes de energía, los países pueden reducir su dependencia de los combustibles fósiles importados y aumentar su resistencia a las interrupciones del suministro. Por ejemplo, Europa intenta reducir su dependencia del gas ruso aumentando la cuota de energías renovables y desarrollando infraestructuras para el gas natural licuado (GNL).

Reducción de las emisiones de gases de efecto invernadero: Una combinación equilibrada permite integrar más energías renovables, reduciendo así las emisiones globales de CO_2. Alemania, por ejemplo, ha integrado con éxito la energía solar y eólica en su combinación energética, al tiempo que utiliza el gas natural para suplir las carencias cuando las condiciones meteorológicas son desfavorables.

Estabilidad económica: La diversificación de las fuentes de energía también puede estabilizar los precios de la energía y reducir la volatilidad asociada a las fluctuaciones de los mercados de combustibles fósiles. Estados Unidos se ha beneficiado de la revolución del gas de esquisto, reduciendo los costes energéticos y estimulando el crecimiento económico.

2. **Transición energética:**

La transición energética consiste en pasar de un sistema basado en los combustibles fósiles a otro dominado por las energías renovables y bajas en carbono. Esta transición requiere políticas ambiciosas e iniciativas globales.

> Políticas e iniciativas: Los gobiernos desempeñan un papel crucial poniendo en marcha políticas que favorezcan las energías renovables, como subvenciones, créditos fiscales y normas de eficiencia energética. Por ejemplo, la propuesta estadounidense Green New Deal pretende invertir masivamente en infraestructuras renovables y crear millones de empleos verdes.
>
> Reducir la dependencia de los combustibles fósiles: La transición también implica reducir gradualmente el uso de combustibles fósiles. Francia ha anunciado el cierre progresivo de sus centrales eléctricas de carbón para 2022, al tiempo que aumenta su capacidad nuclear y su inversión en energías renovables.

3. **Innovación tecnológica:**

La innovación tecnológica es el motor de la transición hacia una combinación energética sostenible. Nos permite mejorar la eficiencia, reducir costes y superar los retos asociados a las energías renovables.

> Energías renovables: Los avances tecnológicos han hecho que la energía solar y eólica sean más competitivas. Por ejemplo, el coste de los paneles solares cayó un 89% entre 2010 y 2020 gracias a las mejoras tecnológicas y las economías de escala.
>
> Almacenamiento de energía: El desarrollo de tecnologías de almacenamiento, como las baterías de iones de litio y las soluciones de almacenamiento por gravedad, está ayudando a superar la naturaleza intermitente de las energías renovables. Tesla, por ejemplo, ha desarrollado baterías domésticas e industriales que pueden almacenar energía solar para utilizarla por la noche o en periodos de poca luz solar.
>
> Eficiencia energética: Mejorar la eficiencia energética de los edificios, el transporte y la industria puede reducir la demanda total de energía. Los edificios pasivos, que utilizan técnicas de construcción avanzadas para minimizar las necesidades de calefacción y refrigeración, son cada vez más populares en Europa.
>
> Soluciones de descarbonización: las tecnologías de captura y almacenamiento de carbono (CAC) pueden reducir las emisiones de las centrales eléctricas y la industria pesada. La central de Petra Nova, en Texas, por ejemplo, captura parte de las emisiones de CO_2 de una central de carbón y las almacena bajo tierra.

Cada fuente de energía tiene ventajas y desventajas únicas, pero combinándolas juiciosamente podemos crear una combinación energética que responda a los retos medioambientales, económicos y sociales actuales. La transición hacia una combinación energética sostenible exigirá un compromiso mundial, políticas eficaces y la colaboración entre los gobiernos, la industria y la sociedad civil. Si equilibramos las ventajas e inconvenientes de cada fuente de energía y aprovechamos su potencial de forma responsable, podremos avanzar hacia un futuro energético más limpio, seguro y sostenible para las generaciones venideras. La toma de decisiones con conocimiento de causa y la inversión en innovación son fundamentales para configurar una combinación energética que satisfaga las necesidades energéticas actuales y preserve al mismo tiempo los recursos para las generaciones futuras.

Capítulo 10: El futuro de la energía nuclear

La energía nuclear sigue evolucionando para hacer frente a los retos energéticos del siglo XXI. Este capítulo explora los últimos avances e innovaciones que están configurando el futuro de la energía nuclear, centrándose en los reactores de nueva generación, la fusión nuclear, los avances tecnológicos y el papel potencial de la energía nuclear en la transición energética mundial.

Reactores de nueva generación

Los reactores de nueva generación representan una evolución significativa de las tecnologías nucleares actuales, con mejoras en seguridad, eficiencia y sostenibilidad.

1. **Reactores de neutrones rápidos :**

o **Principios de funcionamiento** :

Los reactores de neutrones rápidos utilizan neutrones rápidos para inducir la fisión del uranio y otros actínidos, a diferencia de los reactores térmicos tradicionales que utilizan neutrones lentos. Esta tecnología aprovecha mejor el combustible nuclear y ofrece la posibilidad de reciclar los residuos nucleares.

o **Ventajas potenciales :**

Eficiencia del combustible: Los reactores de neutrones rápidos pueden utilizar una mayor variedad de combustibles, incluidos el plutonio y los residuos de otros reactores, lo que reduce la cantidad de residuos de larga vida.

Reducción de residuos: Al reciclar los residuos nucleares, estos reactores pueden reducir la cantidad total de residuos radiactivos y acortar su vida útil radiactiva.

No proliferación: Al consumir actínidos que podrían utilizarse para fabricar armas nucleares, estos reactores contribuyen a reducir los riesgos de proliferación nuclear.

Ejemplo: El reactor experimental BN-800 de Rusia es un ejemplo concreto de reactor de neutrones rápidos en funcionamiento, que demuestra los beneficios potenciales de esta tecnología.

2. **Reactores de sales fundidas :**

o **Tecnología innovadora** : Los reactores de sales fundidas utilizan una mezcla de sales de fluoruro como combustible y refrigerante, lo que ofrece ventajas en términos de seguridad, estabilidad térmica y gestión de residuos.

o **Mayor seguridad**: En caso de sobrecalentamiento, las sales fundidas pueden solidificarse, deteniendo automáticamente la reacción nuclear y reduciendo el riesgo de accidente.

o **Estabilidad térmica**: Las sales fundidas pueden funcionar a temperaturas más elevadas sin aumentar la presión, lo que mejora el rendimiento térmico y la producción de electricidad.

o **Gestión de residuos**: Los reactores de sales fundidas producen menos residuos de larga vida y también pueden reciclar ciertos tipos de residuos nucleares.

> Potencial de modularidad: Diseñados para ser modulares, estos reactores pueden construirse en fábrica y montarse in situ, lo que reduce los costes de construcción y permite una adaptación más flexible a las necesidades energéticas locales.
>
> Ejemplo: El reactor de sales fundidas de torio (TMSR) que se está desarrollando en China pretende demostrar las ventajas de esta tecnología innovadora.

Fusión nuclear: principios y retos

La fusión nuclear, a menudo considerada el "Santo Grial" de la energía, promete una fuente de energía prácticamente ilimitada y limpia. A diferencia de la fisión, que rompe núcleos atómicos pesados, la fusión combina núcleos ligeros para formar otros más pesados, liberando una enorme cantidad de energía.

1. **Principios de la fusión nuclear :**

o **Reacciones de fusión**: Los reactores de fusión utilizan isótopos de hidrógeno, como el deuterio y el tritio, que se fusionan a temperaturas extremadamente altas para producir helio y neutrones.

Ventajas potenciales :

o **Seguridad**: La fusión no produce residuos radiactivos de larga duración y no plantea ningún riesgo de reacción en cadena incontrolada.

o **Combustibles abundantes**: Los isótopos utilizados para la fusión, como el deuterio, son abundantes en el agua de mar, lo que proporciona una fuente prácticamente ilimitada de combustible.

o **Emisiones mínimas**: La fusión no produce gases de efecto invernadero ni contaminantes atmosféricos, lo que contribuye a luchar contra el cambio climático.

Ejemplo: El proyecto ITER (International Thermonuclear Experimental Reactor), en Francia, es uno de los esfuerzos internacionales más ambiciosos para demostrar la viabilidad de la fusión nuclear a gran escala.

o **Condiciones de temperatura y presión**: Para que se produzca la fusión, deben crearse condiciones extremas de temperatura y presión, simulando las que existen en el corazón de las estrellas.

2. **Retos tecnológicos :**

o **Confinamiento magnético**: El principal reto de la fusión nuclear es mantener el plasma a una temperatura y densidad suficientes durante un periodo de tiempo prolongado, lo que requiere sofisticados sistemas de confinamiento magnético.

o **Producción neta de energía**: Aunque se han logrado avances significativos, la fusión nuclear aún no ha alcanzado la fase de producción neta de energía, en la que genera más energía de la que consume.

Innovaciones tecnológicas e investigación actual

Las innovaciones tecnológicas y la investigación actual desempeñan un papel crucial en la evolución y mejora de la energía nuclear. Al centrarse en materiales avanzados y sistemas de seguridad innovadores, estos avances prometen hacer que la energía nuclear sea más segura, eficiente y sostenible.

1. **Materiales avanzados :**

Uno de los campos de investigación más dinámicos de la energía nuclear es el de los materiales avanzados. Estos materiales están diseñados para satisfacer los requisitos extremos de los reactores de nueva generación y los futuros reactores de fusión.

o **Resistencia a temperaturas extremas**: Los reactores nucleares de nueva generación, como los reactores de neutrones rápidos y los reactores de sales fundidas, así como los reactores de fusión, funcionan a temperaturas mucho más elevadas que los reactores actuales. La investigación en materiales avanzados pretende desarrollar aleaciones y cerámicas capaces de soportar estas condiciones extremas sin degradarse.

Ejemplo: se están estudiando aleaciones de níquel, como el Inconel, por su capacidad de mantener su integridad estructural a temperaturas superiores a 1.000 grados Celsius. Estos materiales ya se utilizan en aplicaciones aeroespaciales y ahora se están adaptando para entornos nucleares.

o **Durabilidad y fiabilidad**: Además de la resistencia a las altas temperaturas, los materiales utilizados en los reactores nucleares deben ser duraderos y resistentes a la corrosión para garantizar la longevidad y fiabilidad de las instalaciones. Se están desarrollando nuevos materiales compuestos y revestimientos protectores para prolongar la vida útil de los componentes nucleares y reducir las necesidades de mantenimiento.

Ejemplo: se están estudiando revestimientos de carburo de silicio por su excepcional resistencia a la corrosión y al desgaste, lo que los hace ideales para los componentes internos de los reactores, donde la exposición a la radiación y a los productos de fisión puede ser especialmente corrosiva.

2. Sistemas de seguridad avanzados :

La seguridad nuclear es una prioridad absoluta, y las innovaciones en los sistemas de seguridad pretenden hacer que los reactores sean más seguros y fiables. Los sistemas de seguridad avanzados incluyen tecnologías pasivas e intrínsecas que pueden funcionar sin intervención humana ni alimentación eléctrica.

o **Pasivos e intrínsecos**: Los sistemas de seguridad pasivos están diseñados para funcionar utilizando las leyes de la física natural, como la gravedad, la convección natural y la presión de vapor, para garantizar la refrigeración y la seguridad del reactor en caso de fallo de los sistemas activos. Estos sistemas no dependen de una alimentación eléctrica externa, lo que los hace extremadamente fiables.

Ejemplo: el reactor AP1000 de Westinghouse incorpora sistemas de seguridad pasiva que utilizan la gravedad para hacer circular el agua de refrigeración en caso de emergencia, sin necesidad de bombas ni de una fuente de alimentación externa.

o **Evaluación de riesgos**: Se están desarrollando herramientas de evaluación de riesgos más sofisticadas para comprender mejor y mitigar los riesgos asociados al funcionamiento de los reactores nucleares. Estas herramientas utilizan simulaciones informáticas avanzadas y análisis probabilísticos para predecir escenarios de accidente y optimizar las estrategias de respuesta.

Ejemplo: El método del Análisis Probabilístico de Seguridad (APS) se utiliza para evaluar los riesgos en las centrales nucleares teniendo en cuenta una multitud de escenarios potenciales y cuantificando la probabilidad y las consecuencias de cada suceso. Este enfoque ayuda a identificar los puntos débiles y a aplicar las medidas de prevención y mitigación adecuadas.

Los avances en materiales y sistemas de seguridad son clave para el futuro de la energía nuclear. Al desarrollar materiales capaces de soportar condiciones extremas y sistemas de seguridad pasivos e intrínsecos, la investigación actual está allanando el camino hacia reactores más seguros, fiables y duraderos. Estas innovaciones tecnológicas, combinadas con herramientas de evaluación de riesgos más sofisticadas, mejoran la seguridad nuclear y aumentan la aceptabilidad de esta fuente de energía como parte de la transición energética mundial. Gracias a estos avances, la energía nuclear puede seguir desempeñando un papel crucial en el suministro de electricidad limpia y estable, contribuyendo así a un futuro energético sostenible.

El papel potencial de la energía nuclear en la transición energética mundial

A pesar de las controversias y los retos que presenta, la energía nuclear está desempeñando un papel crucial en la transición energética mundial. Como fuente de energía fiable y baja en carbono, la energía nuclear ofrece soluciones únicas para satisfacer las crecientes necesidades energéticas, al tiempo que contribuye a combatir el cambio climático. Este capítulo explora en profundidad el potencial de la energía nuclear para complementar a las renovables, descarbonizar otros sectores y abordar los retos asociados a su expansión.

1. **Complementariedad con las energías renovables :**

o **Generación de electricidad de carga de base**: Uno de los puntos fuertes de la energía nuclear es su capacidad para proporcionar una generación de electricidad de carga de base estable y fiable. A diferencia de las energías renovables, como la solar y la eólica, que dependen de las condiciones meteorológicas y son, por tanto, intermitentes, las centrales nucleares pueden funcionar de forma continua, 24 horas al día, 7 días a la semana.

Ejemplo: Francia es un excelente ejemplo de país que utiliza la energía nuclear para una parte importante de su producción de electricidad de base. Alrededor del 70% de la electricidad de Francia procede de centrales nucleares, lo que permite al país mantener una producción de electricidad constante y fiable y, al mismo tiempo, tener una de las tasas de emisión de CO_2 por kilovatio-hora más bajas de Europa.

o **Reducción de las emisiones de CO2**: Al sustituir a las centrales de carbón y gas, la energía nuclear puede reducir considerablemente las emisiones de gases de efecto invernadero. Las centrales nucleares prácticamente no emiten CO2 durante su funcionamiento, lo que las convierte en una alternativa limpia a los combustibles fósiles.

Ejemplo: Alemania, a pesar de su decisión de eliminar progresivamente la energía nuclear, ha visto aumentar sus emisiones de CO2 debido al mayor uso del carbón para compensar el cierre de centrales nucleares. Por el contrario, países como Suecia, que combinan la energía nuclear y las renovables, han logrado mantener bajas emisiones al tiempo que garantizan una producción energética estable.

2. **Descarbonización de otros sectores:**

o Producción de hidrógeno: La energía nuclear también puede desempeñar un papel clave en la producción de hidrógeno mediante la electrólisis del agua. El hidrógeno se considera un vector energético crucial para descarbonizar sectores difíciles de electrificar, como el transporte pesado, la industria química y la calefacción.

Ejemplo: el proyecto H2H Saltend, en el Reino Unido, estudia el uso de la electricidad nuclear para producir hidrógeno limpio a partir del agua. Este hidrógeno puede utilizarse después en refinerías, transportes e industrias locales, contribuyendo a una reducción significativa de las emisiones de CO2 en estos sectores.

3. **Retos y oportunidades :**

o **Gestión de los residuos y proliferación**: La gestión de los residuos nucleares y la proliferación de armas nucleares son preocupaciones importantes. Los residuos de alta actividad deben almacenarse de forma segura durante miles de años y la tecnología nuclear debe protegerse contra usos malintencionados.

Ejemplo: Finlandia está desarrollando actualmente el almacén geológico profundo de Onkalo, diseñado para almacenar residuos nucleares de forma segura durante cientos de miles de años. Este proyecto pionero podría servir de modelo para otros países que se enfrentan a retos similares.

o **Costes y aceptabilidad social**: Los costes de construcción y explotación de las centrales nucleares son elevados, y los problemas de seguridad y protección pueden influir en la aceptabilidad social de esta tecnología. Sin embargo, los reactores de nueva generación y los pequeños reactores modulares (SMR) prometen reducir estos costes y mejorar la seguridad.

Ejemplo: Los pequeños reactores modulares, como los desarrollados por NuScale Power en Estados Unidos, están diseñados para ser más baratos y rápidos de construir que los reactores tradicionales. Además, su diseño intrínsecamente seguro reduce considerablemente el riesgo de accidentes graves.

En conclusión, el futuro de la energía nuclear es a la vez prometedor y complejo. Los reactores de nueva generación, la fusión nuclear, las innovaciones tecnológicas y el papel crucial de la energía nuclear en la transición energética mundial ofrecen importantes oportunidades para satisfacer las necesidades energéticas de forma sostenible. Sin embargo, para hacer realidad este potencial, es esencial abordar los retos asociados a la seguridad, la gestión de residuos y la aceptabilidad social. Para que la energía nuclear contribuya positivamente a un futuro energético sostenible y resiliente es necesario un planteamiento innovador y de colaboración en el que participen los gobiernos, la industria y las comunidades.

Capítulo 11: Debates y perspectivas éticas

La energía nuclear está en el centro de muchos debates éticos y plantea importantes cuestiones sobre su aceptabilidad social, los dilemas éticos, el papel de la política y la regulación, y las perspectivas de una energía nuclear ética y responsable. Este capítulo examina en detalle estos aspectos cruciales, destacando los distintos puntos de vista y explorando las vías hacia el uso ético de la energía nuclear.

Aceptabilidad social y percepción pública de la energía nuclear

1. **Factores que influyen en la aceptabilidad social :**

o **Seguridad y protección**: La percepción de la seguridad y protección de las instalaciones nucleares es un factor clave en la aceptabilidad social de la energía nuclear. Acontecimientos históricos como el accidente de Chernóbil en 1986 y el accidente de Fukushima en 2011 han dejado una impresión duradera en la opinión pública, exacerbando los temores sobre los riesgos potenciales asociados a la energía nuclear. La seguridad de los reactores, la capacidad de gestionar incidentes y la protección frente a amenazas externas (como actos de terrorismo) son fundamentales para disipar estas preocupaciones.

o **Gestión de residuos**: La preocupación por la gestión a largo plazo de los residuos radiactivos también influye en la opinión pública. Los residuos de alta actividad deben almacenarse en condiciones de seguridad durante miles de años, lo que plantea problemas técnicos y éticos. Por ejemplo, los proyectos de almacenamiento geológico profundo, como Onkalo en Finlandia, muestran avances pero plantean dudas sobre la sostenibilidad de estas soluciones y la responsabilidad ante las generaciones futuras.

o **Riesgos medioambientales:** Los posibles riesgos medioambientales, como los accidentes nucleares y la contaminación radiactiva, son motivo de preocupación pública. La contaminación a largo plazo de vastas zonas convertidas en inhabitables por accidentes nucleares (como la zona de exclusión de Chernóbil) ilustra las graves consecuencias medioambientales y sanitarias que pueden derivarse de los fallos nucleares.

2. **Comunicación y compromiso :**

o **Transparencia**: La comunicación transparente sobre los riesgos y beneficios de la energía nuclear es esencial para fomentar la confianza del público. Iniciativas como la apertura al público de las centrales nucleares y la publicación periódica de informes de seguridad pueden contribuir a desmitificar el funcionamiento de las instalaciones y demostrar el compromiso de los operadores con la transparencia.

o **Participación pública**: Implicar al público en el proceso de toma de decisiones puede contribuir a reforzar la aceptabilidad social al permitir que los ciudadanos participen en la formulación de las políticas energéticas. Las consultas públicas, los referendos locales sobre la ubicación de nuevas centrales y la creación de comités de ciudadanos para supervisar las operaciones nucleares son ejemplos de mecanismos de participación que pueden mejorar la percepción y la aceptación de la energía nuclear.

Los dilemas éticos del uso de la energía nuclear

1. **Riesgos y beneficios :**

o **Beneficio público frente a riesgos potenciales :** El uso de la energía nuclear plantea dilemas éticos relacionados con el equilibrio entre los beneficios económicos y los riesgos para la salud, la seguridad y el medio ambiente. Por ejemplo, la energía nuclear ofrece una solución baja en carbono para la generación de electricidad, lo que es crucial en la lucha contra el cambio climático. Sin embargo, los riesgos de accidentes graves y la gestión de los residuos radiactivos plantean importantes desafíos éticos.

o **Justicia social:** El impacto desproporcionado de los accidentes nucleares y la contaminación radiactiva en las poblaciones vulnerables plantea cuestiones de justicia social y equidad. Las personas que viven cerca de las instalaciones nucleares o de los lugares de almacenamiento de residuos suelen ser las más expuestas a los riesgos, mientras que los beneficios de la energía nuclear están muy repartidos. Esto exige una reflexión ética sobre la distribución justa de riesgos y beneficios.

2. **Responsabilidad y obligación moral :**

o **Responsabilidad de los actores**: Los gobiernos, las empresas y los expertos de la industria nuclear tienen la obligación moral de garantizar la seguridad y la protección del medio ambiente en todas las fases de utilización de la energía nuclear. Esto incluye el diseño, la construcción, la explotación y el desmantelamiento de las instalaciones nucleares. La responsabilidad ética también implica garantizar una comunicación honesta y transparente con el público y tener en cuenta las preocupaciones de las comunidades locales.

o **Principio de precaución**: El principio de precaución impone una mayor responsabilidad a la hora de tomar medidas para evitar riesgos graves o irreversibles asociados a la energía nuclear, incluso en ausencia de certeza científica absoluta. Por ejemplo, las decisiones políticas sobre la construcción de nuevas centrales nucleares deben incorporar rigurosas evaluaciones de riesgos y escenarios de gestión de crisis para minimizar los posibles impactos sobre la salud humana y el medio ambiente.

El papel de la política y la regulación

1. **Marco normativo :**

o **Normas de seguridad**: Las políticas y los reglamentos deben establecer normas de seguridad estrictas para el diseño, la construcción y la explotación de las instalaciones nucleares con el fin de minimizar los riesgos para la salud humana y el medio ambiente. Por ejemplo, organismos reguladores como la Nuclear Regulatory Commission (NRC) de Estados Unidos y la Autorité de Sûreté Nucléaire (ASN) de Francia han establecido directrices específicas para el diseño de los reactores, los procedimientos de emergencia y las medidas de seguridad de los trabajadores.

o **Seguimiento y control**: El seguimiento continuo y la vigilancia eficaz son esenciales para garantizar el cumplimiento de las normas de seguridad y detectar posibles problemas antes de que se conviertan en crisis. Las inspecciones regulares, las auditorías independientes y las evaluaciones periódicas de la seguridad garantizan que los operadores cumplen los requisitos reglamentarios y aplican las mejores prácticas para garantizar la seguridad de las instalaciones.

2. Compromiso internacional :

o **Cooperación e intercambio de mejores prácticas:** La colaboración internacional en el ámbito de la seguridad nuclear y la gestión de residuos es crucial para garantizar unas normas estrictas y la seguridad mundial. Los foros internacionales como el Organismo Internacional de la Energía Atómica (OIEA) facilitan el intercambio de información, la formación del personal y la puesta en común de las mejores prácticas entre los países miembros. Por ejemplo, el Grupo de Trabajo sobre Evaluaciones Adicionales (WTAP) del OIEA ayuda a los países a mejorar la seguridad de sus instalaciones nucleares identificando vulnerabilidades y recomendando medidas de mejora.

o **Tratados y acuerdos internacionales**: Los tratados y acuerdos internacionales, como el Tratado de No Proliferación de Armas Nucleares (TNP), desempeñan un papel importante en el fomento de la seguridad nuclear y la confianza entre las naciones. Estos instrumentos jurídicamente vinculantes establecen normas de no proliferación, fomentan la cooperación en materia de desarme y regulan la transferencia de tecnologías nucleares sensibles. Por ejemplo, el TNP pretende evitar la proliferación de armas nucleares al tiempo que permite el acceso pacífico a la energía nuclear para uso civil. Al fomentar la transparencia, la cooperación y la responsabilidad, estos acuerdos refuerzan la seguridad nuclear en todo el mundo.

Perspectivas de una energía nuclear ética y responsable

1. **La innovación tecnológica :**

o **Seguridad y sostenibilidad**: La innovación tecnológica puede contribuir a mejorar la seguridad, la sostenibilidad y el rendimiento de las instalaciones nucleares, reduciendo así los riesgos para las personas y el medio ambiente.

o **Gestión de residuos**: Las nuevas tecnologías de gestión de residuos nucleares, como el reciclado y el almacenamiento geológico, ofrecen perspectivas para un uso más responsable de la energía nuclear.

2. **Compromiso democrático :**

<u>Diálogo abierto</u>: Un diálogo abierto e integrador entre las partes interesadas, incluidos el público, los responsables políticos, los expertos de la industria y los grupos de la sociedad civil, es esencial para abordar las cuestiones éticas relacionadas con la energía nuclear y fomentar una toma de decisiones informada y democrática.

<u>Transparencia y responsabilidad</u>: Las instituciones y organizaciones implicadas en la energía nuclear deben ser transparentes y responsables en sus acciones, informando abierta y honestamente sobre riesgos, decisiones y resultados.

3. **Evaluación de riesgos y beneficios :**

o **Enfoque equilibrado**: Una evaluación ética de los riesgos y beneficios de la energía nuclear debe tener en cuenta no sólo los aspectos técnicos y económicos, sino también las dimensiones sociales, medioambientales y éticas.

o **Impactos a largo plazo**: Es crucial considerar los impactos a largo plazo de la energía nuclear en las generaciones futuras, teniendo en cuenta tanto los riesgos potenciales como los beneficios duraderos.

4. **Educación y sensibilización :**

o **Formación e información:** La educación pública y la sensibilización sobre las cuestiones éticas que rodean a la energía nuclear son esenciales para fomentar una participación informada y constructiva en el debate público.

o **Ética profesional**: Los profesionales de la industria nuclear deben recibir formación sobre ética profesional y toma de decisiones responsable, haciendo hincapié en la seguridad y la protección del medio ambiente.

Conclusiones:

En conclusión, los debates éticos en torno a la energía nuclear reflejan las complejidades y desafíos de esta controvertida tecnología. Un planteamiento ético y responsable de la energía nuclear requiere una evaluación cuidadosa de los riesgos y beneficios, participación democrática, transparencia institucional y un compromiso con la seguridad y la sostenibilidad a largo plazo. Al integrar estas consideraciones éticas en la toma de decisiones y la gobernanza de la energía nuclear, podemos aspirar a un futuro en el que esta controvertida fuente de energía se utilice de forma responsable para el bien común y la preservación de nuestro planeta.